W0086380

Ammann, Buser, Vollenwyder
Lawinen

Walter Ammann · Othmar Buser · Usch Vollenwyder

Lawinen

Birkhäuser Verlag
Basel · Boston · Berlin

Der Verlag dankt folgenden Institutionen für die Unterstützung beim
Druck dieses Buches:
- Interkantonaler Rückversicherungsverband
- Die Schweizer Privatversicherungen
- Erziehungs-, Kultur- und Umweltschutzdepartement Graubünden

Die Deutsche Bibliothek – CIP-Einheitsaufnahme

Ammann, Walter:
Lawinen / Walter Ammann ; Othmar Buser ; Usch Vollenwyder. –
Basel ; Boston ; Berlin : Birkhäuser, 1997
ISBN 3-7643-5246-9

Dieses Werk ist urheberrechtlich geschützt. Die dadurch begründeten Rechte, insbesondere die der Übersetzung, des Nachdrucks, des Vortrags,
der Entnahme von Abbildungen und Tabellen, der Funksendung, der Mikroverfilmung oder der Vervielfältigung auf anderen Wegen und der
Speicherung in Datenverarbeitungsanlagen, bleiben, auch bei nur auszugsweiser Verwertung, vorbehalten. Eine Vervielfältigung dieses Werkes oder
von Teilen dieses Werkes ist auch im Einzelfall nur in den Grenzen der gesetzlichen Bestimmungen des Urheberrechtsgesetzes in der jeweils
geltenden Fassung zulässig. Sie ist grundsätzlich vergütungspflichtig. Zuwiderhandlungen unterliegen den Strafbestimmungen des Urheberrechts.

© 1997 Birkhäuser Verlag, Postfach 133,
CH-4010 Basel, Schweiz
Umschlaggestaltung: Sander & Krause, München
Gedruckt auf säurefreiem Papier, hergestellt aus chlorfrei gebleichtem Zellstoff. ∞
Printed in Germany
ISBN 3-7643-5246-9

9 8 7 6 5 4 3 2 1

Inhaltsverzeichnis

Vorwort

„Das Eidgenössische Institut für Schnee- und Lawinenforschung Weissfluhjoch-Davos teilt mit ...." Wer kennt ihn nicht, diesen Satz, mit dem vor den Gefahren der Lawinen gewarnt wird? Wer aber weiß, was es alles braucht, bis ein Lawinenbulletin entsteht – oder welche Forschungsanstrengungen hinter Lawinenverbaumaßnahmen stecken? Das vorliegende Buch ist kein Fachbuch für Kenner und Spezialisten. Es soll aber einer interessierten Leserschaft einen Einblick in die Schnee- und Lawinenforschung und in die praktische Umsetzung der daraus gewonnenen Erkenntnisse geben.

Über 60 Jahre ist es her, seit in Davos begonnen wurde, den Schnee und seine Eigenschaften sowie die Lawinen als eine der bedeutendsten Naturgefahren im Alpenraum zu untersuchen. Doch vieles ist auch heute noch unerforscht. Das Buch zeichnet das historische Bild vom Schrecken der Lawinen in den vergangenen Jahrhunderten nach, beschreibt das Werden und Vergehen der Schneekristalle und der Schneedecke und erklärt die Art und Wirkungsweise der verschiedenen Lawinen. Es zeigt, wie die Alpenbewohner gelernt haben, mit den Lawinen zu leben, und wie heute Gäste und Touristen vor dieser Gefahr geschützt und darüber informiert werden. Dem interessierten Laien gibt es einen Einblick in die Tätigkeiten des Eidgenössischen Instituts für Schnee- und Lawinenforschung in Davos.

Hauptautorin ist die Journalistin Usch Vollenwyder. Mit viel Engagement und Interesse hat sie sich in die Materie eingearbeitet und das Fachwissen in eine für interessierte Laien verständliche Sprache übersetzt. Ohne die fachliche Unterstützung von Othmar Buser, als langjähriger wissenschaftlicher Mitarbeiter und Physiker in unserem Institut ein ausgewiesener Experte in der gesamten Thematik, wäre das Buch nicht zustande gekommen. Für die ausgezeichnete Zusammenarbeit möchte ich mich bei Usch Vollenwyder und Othmar Buser herzlich bedanken. Zahlreiche Mitarbeiterinnen und Mitarbeiter des SLF und weitere Personen außerhalb des Instituts haben ebenfalls zum Gelingen beigetragen. Für ihre spontane Hilfsbereitschaft danke ich ihnen bestens.

Ein besonderer Dank gilt dem Birkhäuser Verlag, vor allem Thomas Menzel, für das verständnisvolle Eingehen auf unsere Wünsche und für die drucktechnisch und bildmäßig vorzügliche Ausstattung dieses Buches. Ein abschließender Dank gehört Beat Welte und Walter Good, die bereits 1994 mit der Idee eines derartigen Projekts an mich herangetreten sind, sie dann aber aus zeitlichen Gründen nicht weiterverfolgen konnten.

Davos, im Mai 1997

Dr. Walter Ammann
Institutsleiter SLF

Einleitung

Rund eine Million Lawinen donnern jedes Jahr weltweit zu Tale. Überall, wo schneebedeckte Gebirge den Erdball bedecken, vom Himalaya bis zu den Anden und den Rocky Mountains, in den Alpen und in den Pyrenäen, in der Türkei, in Rußland und im hohen Norden, gibt es dieses faszinierende Naturphänomen. Doch tödlich kann es in besiedeltem und touristisch erschlossenem Berggebiet sein: Lawinen fordern jedes Jahr durchschnittlich 200 Menschenleben, die Hälfte davon sterben im Alpenraum, 26 von ihnen in der Schweiz. Lawinen verschütten auch Siedlungen, zerstören Wälder und unterbrechen Verkehrswege.

Die bis heute weltweit größte Lawinenkatastrophe ereignete sich 1970 in den Anden, als eine Eislawine mehrere Dörfer zuschüttete und 18'000 Menschen unter sich begrub. Eislawinen forderten auch in der Schweiz ihre Opfer: 58 Arbeiter starben 1965 unter rund einer Million Kubikmeter abgebrochenem Eis vom Allalingletscher, als sie am Bau des Mattmark-Staudammes im Wallis beschäftigt waren. Tausende von toten Soldaten forderten künstlich ausgelöste Lawinen im Ersten Weltkrieg. 300 Menschen starben während des harten Winters 1992 in Anatolien den Lawinentod.

Als das letzte große Lawinenjahr im Alpenraum gilt 1951: In den Bergen war innerhalb von zehn Tagen drei Meter Neuschnee gefallen, als ein gewaltiger Sturm unzählige Lawinen auslöste. In der Schweiz forderten 1421 Schadenlawinen 98 Todesopfer. Sie zerstörten 1527 Gebäude, töteten 800 Stück Vieh und schlugen 2000 Hektare Wald. In den übrigen Alpenländern war die Zerstörung ebenso verheerend: Auch Österreich hatte weit über 100 Tote und geschätzte Schäden von über 20 Millionen Franken zu beklagen.

Bis in die Gegenwart hinein bedrohen Lawinen die Berggebiete, und immer wieder fallen ihnen Tiere und Men-

Der Abbruch vom Allalingletscher forderte 1965 das Leben von 58 Arbeitern, die an dem Bau des Mattmark-Staudamms wirkten. Bild: F. Wetli.

Im katastrophalen Lawinenwinter 1951 wird auch der Nordrand Airolos verschüttet. Bild: Borelli.

schen zum Opfer – von den materiellen Schäden ganz abgesehen. War in früherer Zeit hauptsächlich die Bergbevölkerung gefährdet, sind es heute vor allem Touristen – Skifahrer, Wanderer, Alpinisten –, die ihnen zum Opfer fallen. Die Gründe hierfür liegen vor allem in der touristischen Erschließung der Bergregionen. In den Jahrzehnten seit dem Zweiten Weltkrieg hat sich der Wintertourismus zu einer Industrie entwickelt, die Jahr für Jahr Millionen von Skifahrern in die Berge lockt.

In den Bergregionen besteht deshalb auch ein starkes ökonomisches Motiv, Pisten, Loipen und Spazierwege möglichst lawinensicher anzulegen und möglichst selten schließen zu müssen. Das künstliche Auslösen von Lawinen sowie die fachgerechte Verbauung permanent gefährlicher Hänge gehören aus diesen Gründen zum notwendigen Know-how der Bergregionen. Darüber hinaus ist eine verläßliche Voraussage der Lawinensituation für die ständig wachsende Zahl der Touren- und Variantenfahrer abseits der gesicherten Pisten von größter Bedeutung. Dies alles ist Grund genug, diese immer wiederkehrenden Naturphänomene auch wissenschaftlich zu untersuchen. Gerade der Lawinenwinter 1951 führte in der Schweiz zu einem Aufschwung in der Erforschung von Schutzmaßnahmen. 2 Milliarden Schweizer Franken kosteten die verschiedensten Arten von Verbauungen in den letzten 40 Jahren. Gleichzeitig wurde die Lawinenwarnung intensiviert. Rund 2000mal pro Tag wird das Lawinenbulletin heute über Telefon 187 und Internet abgerufen.

Bereits ab Anfang der dreißiger Jahre haben Rußland und die Schweiz Schneeforschung betrieben. Heute wird das Phänomen „Schnee und Lawinen" weltweit mit unterschiedlicher Intensität und in verschiedensten Institutionen untersucht: Abteilungen von Universitätsinstituten befinden sich in Sapporo, Vancouver und Moskau, eigene Institute werden in Grenoble, Innsbruck, im hohen Norden, in Italien und im Kaukasus betrieben – sogar die US Army unterhält eine Forschungsstätte in New Hampshire. Deutschland hat für seine bayrische Bergregion einen Lawinenwarndienst aufgezogen, und in Südtirol ist der Lawinenwarndienst dem hydrografischen Amt angegliedert. Wohl weltweit führend auf diesem Gebiet ist das Eidgenössische Institut für Schnee- und Lawinenforschung in Davos, das auf eine über 60jährige Forschungstradition zurückblicken kann.

Diesen Forschungsstätten ist es zu verdanken, daß der Wunsch der Wintersportregionen weitgehend in Erfüllung gegangen ist und die Zahl der Lawinenopfer trotz starker Zunahme der Wintersportbegeisterten nicht ständig steigt. Lawinenbulletins informieren regelmäßig über die Lawinengefahr im Alpengebiet. In vielen Ländern werden kaum noch Siedlungsgebiete und Verkehrswege von Lawinen betroffen: Permanente Verbauungen schützen vor größeren Lawinenanrissen, raumplanerische Maßnahmen verhindern ein Bauen in gefährdeten Zonen.

Das vorliegende Buch erzählt über Lawinenkatastrophen in der Vergangenheit und Lawinengefahren in der Gegenwart, es gibt Einblick in die Physik und Mechanik des Schnees ebenso wie über die Entstehung der Schneekristalle, es schildert die verschiedenen Lawinenarten und zeigt deren Ursachen. Es beschreibt die Arbeit der Forscherinnen und Forscher, die, unterstützt von verschiedensten Technikern am Eidgenössischen Institut für Schnee- und Lawinenforschung in Davos, versuchen, dem Geheimnis der Lawinenbildung auf die Spur zu kommen. Es zeigt auch die Selbstgefährdung des Menschen durch Eingriffe in die Natur und informiert über Lawinenprävention und Rettungsmaßnahmen.

Das Buch ist mit eindrücklichen Fotos, Grafiken und Zeichnungen reich illustriert. Die Bilder möchten nicht nur die zerstörerische Gewalt, sondern auch die andere Seite des Naturphänomens Lawine zeigen: ihre Kraft und Schönheit, ihr Geheimnis und ihre Faszination. Leserinnen und Leser sollen mit diesem Buch über die Erforschung und die wissenschaftlichen Hintergründe des „Weißen Todes" informiert werden; sie sollen aber auch staunen können über eines der großartigsten Naturereignisse, das es heute auf unserer Erde noch gibt: die Lawinen.

Lawinen in der Geschichte

Die Geschichte der Lawinen reicht weit zurück bis in die Zeit der Besiedlung des Alpenraums durch den Menschen. Doch erst als Pilger, Söldner, Handelsreisende und Boten die Pässe überquerten und sich damit immer mehr Menschen den Gefahren des Hochgebirges aussetzten, wurden Lawinenniedergänge und -unglücke in alten Chroniken und Berichten festgehalten. Eine der ersten ausführlichen Schilderungen erzählt von einer Pilgerfahrt über den Großen St. Bernhard im Dezember 1128 und stammt von Rudolf, dem Abt von St. Trond. Dieser berichtet, wie sich eine Pilgergruppe mit größter Mühe und „immer nahe am Tod" durch die Schneeverwehungen durchkämpfte und schließlich nach St. Rémy kam, wo sie festsaß, weil sich die lokalen Führer weigerten, mit ihr den Paß zu überqueren. Doch im

Die Mönche auf dem Grossen St. Bernhard haben unzählige Paßgänger vor dem Lawinentod gerettet. Bild: Schweizerisches Alpines Museum, Bern.

Dorf fanden die vielen Pilger kaum Unterschlupf. Als das ausgehandelte Geleitgeld hoch genug war, erklärten sich die Führer bereit, den Pilgerzug über die Paßhöhe zu führen. Sie wickelten Filz um Kopf und Körper, schlüpften in solide Handschuhe und zogen ihre Nagelschuhe an, während die frommen Romreisenden noch einmal in die Kirche gingen, um zu beten. Während sie dort den Segen für die Reise erflehten, waren die Führer schon vorausgegangen und wurden wenig außerhalb des Dorfes von einer donnernden Lawine in die Tiefe gerissen.

So ist die Geschichte der Lawinen eng verbunden mit der Geschichte der Besiedlung der Alpen durch den Menschen, dem Einsetzen des Alpinismus und dem Aufkommen des modernen Tourismus. Je mehr der Mensch sich in die Gebirgswelt vorwagte, die Alpen überquerte und die Berggipfel bestieg, um so mehr war er auch der Lawinengefahr ausgesetzt.

Die Entdeckung der Alpen

Wahrscheinlich durchzogen bereits in der letzten Zwischeneiszeit vor rund 100'000 Jahren die ersten Menschen unser Alpengebiet, doch genaue Spuren lassen sich nur bis zur letzten Eiszeit vor etwa 10'000 Jahren zurückverfolgen. Als Jäger und Sammler durchstreiften sie das von reißenden Flüssen und sumpfigen, lichten Wäldern durchsetzte heutige Mittelland auf der Jagd nach Rentieren und Wildpferden.

Erst vor etwa 4000 Jahren wurden die Menschen seßhaft. Sie ließen sich entlang der Seeufer nieder und betrieben Ackerbau und Viehzucht. Dichter Wald überzog damals die Schweiz; Rodungen brachten das nötige Wies- und Akkerland. Oberhalb der Waldgrenze wurde nach Metallen gesucht; das Grasland diente als Weide für Schafe und Ziegenherden. Im Alpenraum selber zogen im Sommer Jägergruppen auf der Suche nach Wild umher.

Im Verlaufe der Jahrhunderte suchten sich die Menschen für ihre Siedlungen Orte, an denen sie ihre Milch- und Fleischwirtschaft mit Ackerbau ergänzen konnten. Mit dem Vieh verbrachten sie schließlich die kurzen Sommermonate auf der Alp; Getreide, Gemüse und Winterfutter für ihre Tiere pflanzten sie um ihre tiefer gelegenen Siedlungen herum. Die karge Landschaft und die ständige Bedrohung durch verschiedenste Naturgefahren boten eine wacklige Grundlage für ihre Existenz. Durch Generationen hindurch lernten sie mit diesen Bedrohungen leben und verbesserten stetig ihre Lebensbedingungen mit einer gezielten Alpwirtschaft.

Über den Mons Jovis

Mit den Römern, die immer mehr gegen Norden vordrangen und ein wirtschaftliches und militärisches Interesse an einer Nord-Süd-Verbindung hatten, begann die Erschließung der Alpen. Einer der ersten von ihnen geschaffenen Übergänge war der Mons Jovis, der Paß Jupiters, der erst im 13. Jahrhundert den heutigen Namen Großer St. Bernhard erhielt. Er bestand vorerst nur aus einem schmalen Fußweg, den die Legionen Cäsars benutzten, als sie 58 vor Christus gegen die Helvetier zogen. Das mit der Zeit immer besser ausgebaute Wegnetz der Römer mit seinem regen Verkehr auch über die Alpen hinweg führte zur Romanisierung der helvetischen Provinzen, die so zum ersten Mal in ein organisiertes Staatswesen eingebunden wurden. Darin spielten sie auch eine gewisse wirtschaftliche Rolle: Mit Vieh, Käse und Honig, Holz, Harz, Heilkräutern, aber auch mit Bergkristallen und Metallen aus den Alpen begannen sie Handel zu treiben.

Die Schwierigkeiten, die Hannibal bei der Überquerung der Alpen hatte, sind historisch belegt. Als dieser karthagische Feldherr 218 vor Christus mit 38'000 Mann, 8000 Reitern und 37 Elefanten die Alpen überquerte, soll er bei diesem Unternehmen die Hälfte seiner Leute und Tiere verloren haben. Daß dabei viele von ihnen von Lawinen in den Tod gerissen wurden, beschreibt der Chronist Italicus: „... Dort wo der Pfad unterbrochen ist von einer schimmernden Piste, durchbricht er (Hannibal) das harte Eis mit seiner Lanze. Losgelöster Schnee zieht die Männer in den Abgrund, und Schnee, der von den hohen Gipfeln stürzte, verschlang die lebende Mannschaft."

Im Jahre 12 vor Christus wurde der Große St. Bernhard von Kaiser Augustus mit einer fast vier Meter breiten Paßstraße ausgebaut. Damit war er neben dem Brenner in Österreich die wichtigste wirtschaftliche und militärische Verbindung zwischen Rom, Helvetien, Germanien und dem nördlichen Gallien.

Mit dem Untergang des Römischen Reiches zerfiel auch das gut unterhaltene und einigermaßen geschützte Straßennetz, und in den wirren Zeiten der Völkerwanderung wurden Alpenüberquerungen zu einem großen Wagnis. Nicht nur Lawinen und Steinschlag bedrohten die Wanderer, auch plündernde Räuber lauerten auf sie. Für eine Verbesserung der Reisebedingungen sorgte in den nächsten Jahrhunderten nur die Kirche: Als Stützpunkte für Pilger aus ganz Mitteleuropa gründete sie auf verschiedenen Paßhöhen Hospize, die den Reisenden auf ihrem Weg in die Ewige Stadt Zuflucht und Unterkunft gewährten. Der Reiseverkehr über die Alpen nahm damit wieder zu, und nicht nur Mönche und Pilger, auch Boten und Gesandte, Händler und Handwerker, Ritter und Soldaten überquerten die verschiedenen Pässe.

Handelsreisende, Boten, Soldaten und Pilger überquerten die Alpenpässe, wie aus der „Teufelsbrücke" genannten Farbradierung von Charles-Melchior Decurtis, nach einem Stich von Caspar Wolf, hervorgeht. Bild: Zentralbibliothek, Zürich.

Existenzkampf der Alpenbewohner

Bis weit ins Mittelalter hinein waren die Menschen überzeugt, daß im Gebirge mit den schroffen Felswänden und gähnenden Schluchten nur Kobolde, Ungeheuer, Drachen und sogar der Satan selbst wohnen würden. Die Berggipfel erachteten sie als eine für sie verschlossene Welt. So vermuteten sie auf dem Matterhorn eine Geisterstadt toter Seelen. Andere Vorstellungen sprachen vom Fegefeuer im Hochgebirge.

Aus diesem Grunde wurde das Gebirge kaum freiwillig aufgesucht. Es war eine feindliche, gefährliche Landschaft, die nach Möglichkeit gemieden wurde. Und auch wer sich aus wirtschaftlichen Gründen auf einen Berg vorwagen mußte wie Gemsjäger, Strahler oder Hirten, versuchte ihn möglichst rasch und heil wieder zu verlassen. Die Alpenbewohner machten ihr Wissen über diese unheimlichen Stätten zu ihrem wirtschaftlichen Vorteil: Sie erhoben Weg- und Brückenzölle, organisierten Transporte und Begleitungen und sicherten gefährliche Stellen vor Räubern.

Vom 12. bis zum 14. Jahrhundert besiedelten die Walser, aus dem Oberwallis kommende und deutsch sprechende Alemannen, auch die entlegensten Täler der Alpen und begannen, sie zu nutzen. Sie suchten neuen Lebensraum, den sie sich auf Kosten des Waldes vergrößerten. Damit wurden die Menschen auch im Alpengebiet das ganze Jahr über seßhaft.

Die vielleicht erste nicht zweckgebundene Bergbesteigung unternahmen gegen Ende des 14. Jahrhunderts sechs Luzerner Geistliche, die trotz behördlichen Verbots den sagenumwobenen Pilatus bestiegen. Nach ihrer Rückkehr wurden sie von ihrer Obrigkeit hart bestraft: Dem damals herrschenden Aberglauben zufolge hatten sie den Geist

des in einem Bergsee liegenden toten Pontius Pilatus mutwillig gestört.

Im 16. Jahrhundert begann sich die Landwirtschaft zu spezialisieren. Die Viehwirtschaft wurde gegen den Alpenrand gedrängt, und die Käsereiwirtschaft entwickelte sich zu einem lukrativen Wirtschaftszweig, da der lang haltbare Hartkäse als Proviant für die damals aufkommende Seefahrt über lange Distanzen begehrt war. Käse wurde zu einem Exportartikel (vor allem aus dem Berner Oberland und dem Greyerzerland) und dabei auch über die Alpen transportiert.

Doch schon im 17. Jahrhundert nahm der Reiseverkehr über die Alpen wieder ab: Der Dreißigjährige Krieg, religiös motivierte Auseinandersetzungen, die Pest, Bauernaufstände und Bruderkriege stürzten den Alpenraum in politische Wirren.

Die beiden Bilder stellen einen Lindwurm und ein drachenähnliches Fabeltier dar, wie sie angeblich 1696 in den südlichen Bündnertälern gesehen worden sind. Sie wurden als Radierung 1723 im dritten Band von Scheuchzers „Natur-Geschichten" abgedruckt. Bilder: Zentralbibliothek, Zürich.

Im Jahre 1699 ließ der Zürcher Gelehrte Johann Jakob Scheuchzer, ein Pionier in der naturwissenschaftlichen Erforschung der Alpen, einen Fragebogen unter dem Titel „zu Erforschung natürlicher Wunderen so sich im Schweizer-Land befinden" mit beinahe 200 Fragen aus allen ihn interessierenden Gebieten an Hirten, Sennen, Jäger, Gelehrte und Pfarrherren zukommen. Auf seinen zahlreichen Gebirgsreisen machte er barometrische Höhenmessungen,

Grave en 1786.

Franz Ludwig Pfyffer, hier auf einem Gemälde von Joseph Reinhardt, nahm auf seinen Expeditionen wie viele seiner Zeitgenossen naturwissenschaftliche Messungen vor. Bild: Gletschergarten, Luzern.

zeichnete Karten und schrieb seine Beobachtungen nieder. Gleichzeitig sammelte er Informationen über Bergungeheuer und Drachen und teilte sie in geflügelte, flügellose, fußlose und vielfüßige ein. Scheuchzer ist es auch, der 1706 in seiner „Beschreibung der Natur-Geschichten des Schweizerlands" verschiedene Lawinen, deren Ursachen, erste Schutz- und Rettungsmaßnahmen wiedergibt und eine historische Aufzählung verschiedener Lawinenabgänge vornimmt.

Auch im 18. Jahrhundert galten die Berge lange Zeit noch vor allem als eine Plage, nicht nur für die Bewohner, sondern auch für die Reisenden, die einen Paß überqueren mußten. Für die Bewohner der Alpenregionen hatten insbesondere Adel und Großbürgertum nicht viel übrig. Im Gegenteil: Wer wie die Bergler sein Leben mit harter Arbeit verdienen mußte, wurde in der Salonkultur der Rokoko-Zeit doch eher verachtet.

Erst in der Zeit der anbrechenden Aufklärung änderte sich das Bild von den unwirtlichen Bergen. Albrecht von Haller idealisierte die Bergbevölkerung in seinem Epos „Die Alpen", und Rousseaus „Zurück zur Natur" schloß auch die Welt der Berge mit ein. Die Natur wurde in steigendem Maße nicht mehr als feindlich angesehen, sondern als Refugium unverfälschten Seins. Das Jahrhundert der Aufklärung schließlich dehnte seinen Forscherdrang auch auf die Bergwelt aus. Die Hochalpen wurden mit anderen Augen gesehen, die ersten Expeditionen unternommen. Einer dieser Pioniere war Franz Ludwig Pfyffer, der Schöpfer eines der ersten großen Reliefs der Alpen. Auf seinen Expeditionen machte er Skizzen, barometrische Höhenmessungen und später auch trigonometrische Aufnahmen.

Horace-Bénédict de Saussure, ein Vertreter des Genfer
Großbürgertums um 1800, schwärmte ein Leben lang für
den Mont Blanc und schaffte im Jahre 1787 den Aufstieg.
Bild: Schweizerisches Alpines Museum, Bern.

Rund um den Mont Blanc

Besonders der Mont Blanc, seine mächtige Erscheinung zusammen mit dem großen Gletscher, lockte die Zeitgenossen immer wieder zu neuen Expeditionen an. Einer dieser ersten Bergtouristen dürfte der junge Engländer William Windham gewesen sein, der 1741 eine „Reise zu den Gletschern von Savoyen" organisierte. Diese Expedition bestand aus acht Herren und fünf Bediensteten, und alle waren sie schwer bewaffnet – so ganz geheuer war ihnen die Bergwelt wohl doch noch nicht. Obwohl dieser Gruppe nichts geschehen war, legte Windham allfälligen Nachahmern nahe, sich ebenso vorzusehen. Es war wahrlich eine kuriose Empfehlung der gelehrten Herren, die zudem die Behauptung der Einheimischen, der Gletscher verändere sich andauernd, als puren Aberglauben abtaten...

In dieser Zeit mußte das Bergsteigen noch unter dem Deckmantel von Wissenschaft und Forschung erfolgen, denn die gesellschaftlichen Konventionen erwarteten ein rationales Motiv für solche Unternehmungen. Pioniere wie Franz Ludwig Pfyffer nahmen deshalb ein Barometer mit auf ihre Wanderungen. Einer von ihnen war der junge Horace-Bénédict de Saussure, der um die Mitte des 18. Jahrhunderts nach Aufstiegsmöglichkeiten auf den Mont Blanc

Das erste Lawinenunglück vom Mont Blanc ist überliefert (20.8.1820), hier eine Zeichnung von Charles Girardet. Bild: Schweizerisches Alpines Museum, Bern.

suchte. Seine Motive waren eine Mischung aus jugendlich-romantischer Schwärmerei und aufgeklärt naturwissenschaftlichem Wissensdrang. Doch im damaligen Genfer Großbürgertum war es zwar statthaft, sich als Soldat zu verdingen und dabei einen heldenhaften Tod zu sterben, aber wie ein Bauer zu laufen, unter der Perücke zu schwitzen und das bei einer so seltsamen Unternehmung wie einer Bergbesteigung war ziemlich undenkbar. Deshalb nahm auch de Saussure auf seinen Wanderungen immer das berühmte Barometer mit.

Er war vom Mont Blanc dermaßen begeistert, daß er eine Prämie für dessen Erstbesteigung aussetzte. Das führte zu einem wahren Wettlauf um die Eroberung des 4807 Meter hohen Gipfels. Doch ein Vierteljahrhundert sollte verstreichen, bis die Prämie schließlich gezahlt wurde. Statt dessen wurde 1786 der Nachweis erbracht, daß dank der isolierenden Wirkung des Schnees eine gewisse Zeit darin überlebt werden kann. Jacques Balmat, ein mausarmer Strahler auf der Jagd nach der Prämie, war auf dem Berg von seinen Freunden zurückgelassen worden. Er überlebte die Nacht im Schnee – und fand dabei gleichzeitig auch den Aufstieg, der ihn noch im selben Jahr zusammen mit dem Arzt Gabriel Paccard auf den Gipfel brachte. Ein Jahr später schaffte schließlich auch der unermüdliche de Saussure, nun bereits im Alter von 47 Jahren, die Besteigung. Der Alpinismus war salonfähig geworden. 1808 erreichte die erste Frau, die Bäuerin Marie Paradis, den Gipfel des Mont Blanc. Ihr Motiv war profaner Natur: Als Bergpionierin hoffte sie auf Geschenke und Gaben der reichen Touristen.

Am 20. August 1820 kam es zur ersten überlieferten Lawinenkatastrophe am Mont Blanc. Der eigensinnige Doktor Hamel, Berater am russischen Zarenhof, hatte nach intensiven Schneefällen trotz der Warnungen seiner Führer

Franz Joseph Hugi und seine Gefährten im Rottal, Ölgemälde von Martin Disteli. Bild: Schweizerisches Alpines Museum, Bern.

auf dem Aufstieg beharrt. Zuerst ging noch alles gut, doch an einem Steilhang weit oberhalb des Grand Plateau lösten sich die Neuschneemassen und verschütteten die ganze Mannschaft. Nur Hamel selber und zwei junge Engländer konnten sich retten. Die übrigen, darunter drei Bergführer aus Chamonix, wurden mit voller Wucht in eine Gletscherspalte gerissen. Einige blieben 41 Jahre lang verschollen, bis der Bossonsgletscher ihre Überreste wieder freigab.

Expeditionen auf die Alpengletscher
Zu Beginn des 19. Jahrhunderts setzte sich langsam die Erkenntnis durch, daß die Gletscher in Urzeiten das ganze Mittelland bedeckt und sich erst im Verlaufe der Jahrtausende ins Alpengebiet zurückgezogen hatten. Einer der ersten, der sich für die Gletscherkunde interessierte, war der Solothurner Geistliche und Naturforscher Franz Joseph Hugi. Auf der Mittelmoräne des Unteraargletschers errichtete er eine primitive Steinhütte, das „Hôtel des Neuchâtelois", das über Jahrzehnte weiteren Forschern als Unter-

Mitte des 19. Jahrhunderts begann das „Goldene Zeitalter des Bergsteigens", und häufig waren wie auf dieser Lithographie englische Reisegruppen beim Aufstieg auf den Gotthard zu beobachten. Bild: Museum für Kommunikation, Bern.

kunft und Ausgangspunkt für ihre Expeditionen diente. Auf seinen Alpenreisen ins Berner Oberland, ins Wallis und ins Gotthardgebiet studierte Hugi die Geologie und interessierte sich vor allem für die Entstehung und Veränderung der Gletscher. Er war der erste Forscher, der Gletscher nicht nur vom Hörensagen beschrieb, sondern sie an Ort und Stelle zu ergründen versuchte. Dabei soll er weder Mühe noch Kosten gescheut haben: Jede Reise kostete ihn zwischen 1'000 und 1'600 Franken - und das bei einem Jahresgehalt als Direktor des Naturhistorischen Museums der Stadt Solothurn von 1'000 Franken. War Hugi mit seiner Ausrüstung und seiner Begleitmannschaft unterwegs, soll er bei der einheimischen Bevölkerung oft nicht nur Erstaunen, sondern auch Unverständnis und Kopfschütteln ausgelöst haben. Er und seine Gefährten trugen nämlich nebst Decken, Nahrungsmitteln, Weinschläuchen und Holz auch Seile, Fußeisen, Eisbeile, Alpstöcke, Hammer, Meißel und Hacken und dazu noch sämtliche Meß- und Forschungsinstrumente mit sich: Dazu gehörten Baro-, Thermo- Hygro- und Aerometer, aber auch Sextant, Kompaß und Fernrohr durften nicht fehlen.

Als eigentlicher Begründer der Glaziologie gilt aber der Neuenburger Naturforscher Louis Agassiz. 1807 geboren, wandte sich der gelernte Mediziner schon bald der Zoologie und Paläontologie zu. 1836 begann er sich für die Gletscherkunde zu interessieren, die mit der Eiszeittheorie immer mehr an Bedeutung gewann. Er studierte die Gletscher, ihre Strukturen und Bewegungen und die Herkunft ihrer Mittel- und Seitenmoränen. Von 1840 bis 1845 organisierte Agassiz vom „Hôtel des Neuchâtelois" aus die Erforschung des Unteraargletschers, bevor er 1846 nach Amerika auswanderte und dort einer der bedeutendsten Zoologen wurde.

Die Engländer und die Alpen

Furcht und Schrecken vor den Bergen hatten sich im Laufe der Zeit allmählich in Sehnsucht und Bewunderung verwandelt. Ein wissenschaftlicher Vorwand für das Bergsteigen erübrigte sich, und die ersten Reisen und Abenteuer zu rein touristischen Zwecken begannen.

Der englische Journalist Albert Smith beschrieb 1841 die geglückte Besteigung der Aiguille du Midi von „40 reichen und beherzten Gentlemen". Seine eigene Darstellung

In thematischer Anlehnung an die Erstbesteigung des Matterhorns schuf Ferdinand Hodler zwei riesige Dioramen für die Weltausstellung in Antwerpen 1894; hier ein Ausschnitt aus dem Teil „Absturz". Bild: Schweizerisches Alpines Museum, Bern.

einstecken: Mehrere Alpinistengruppen wetteiferten bei der Besteigung des bis anhin als unbezwingbar geltenden Matterhorns. Eine bunt zusammengewürfelte Seilschaft mit Edward Whymper, einem der ehrgeizigsten und zugleich erfolgreichsten Alpinisten der damaligen Zeit, versuchte, Jean-Antoine Carrel, der im Auftrag des Staatsministers Serla das Matterhorn für Italien erobern wollte, zuvorzukommen. Die Seilschaft bezwang den Gipfel – und stürzte beim Abstieg ab. Nur Whymper und die beiden einheimischen Bergführer Vater und Sohn Taugwalder überlebten die Katastrophe. Warum es genau zu diesem Absturz kam – darüber wird bis heute diskutiert und spekuliert. Whympers Rolle scheint dabei nicht ganz unumstritten zu sein.

1857 gründeten die Briten den exklusiven „Alpine Club", 1862 wurde der „Österreicher Alpenverein" und noch ein Jahr später, 1863, der „Schweizer Alpenclub" gegründet. Schon bald wurde auch die erste Frau Mitglied des englischen Alpenclubs: Der Brite Thomas Stuart schleppte auf der Hochzeitsreise seine junge Frau Lady Clara samt Schoßhündchen auf den Monte Rosa. Dieses Abenteuer ermöglichte ihr den Zutritt zum exklusiven „Alpine Club". Die Mitgliedschaft von Frauen wäre beim Schweizer Alpenclub zu dieser Zeit undenkbar gewesen: Aus diesem Grund wurde 1918 der „Schweizer Frauen-Alpenclub" gegründet.

Um die Jahrhundertwende war die Eroberzeit zu Ende. Der Alpenraum wurde nun wirtschaftlich genutzt, durch seine touristischen Reize und die billigen Arbeitskräfte kam ihm eine neue Bedeutung zu. Reiche ausländische Gäste entdeckten die Alpen als Reiseziel. Das Gebirge wurde immer attraktiver, da die Infrastruktur immer besser wurde: Rund 60 Bergbahnen wurden in den Jahren 1870–1910 gebaut. Bereits 1873 konnte die Bahnstrecke Arth-

muß ihn so gepackt haben, daß er zehn Jahre später denselben Gipfel erstürmte. Nach London zurückgekehrt, berichtete er voller Begeisterung von seinen Abenteuern. Seine Vorstellung war wohl sehr überzeugend, denn Queen Victoria lud ihn nach Windsor ein, um die Show dem ganzen Hof vorzuführen. Für das perfekt inszenierte Spektakel ließ Smith seinen Führer und die Bernhardinerhunde eigens aus der Schweiz nach England kommen. Auch ein neues Gesellschaftsspiel, „The New Game of the Ascent of Mont-Blanc", half mit, den Alpinismus in England immer populärer zu machen.

Und damit begann etwa Mitte des 19. Jahrhunderts das „Goldene Zeitalter des Bergsteigens". Ehrenwerte Lords und würdige Gentlemen machten sich abenteuerlustig und wetteifrig auf, die Alpen in ihren Besitz zu nehmen. Die Verkehrsverbindungen zum Kontinent waren besser geworden und ermöglichten Reisen in ganz Europa. Einen herben Rückschlag mußte der Alpinismus jedoch 1865 durch die Katastrophe bei der Matterhorn-Erstbesteigung

Rigi eröffnet werden, 1889 folgte die Bahn auf den Pilatus, 1898 die Gornergrat- und Jungfraubahn (bis Eismeer), 1899 wurde in Davos die Schatzalp-Bahn eröffnet. Zur gleichen Zeit entstanden in den einstigen Bergdörfern die ersten Luxushotels wie das „St. Moritz Palace" (1897), das „Pontresina-Schloßhotel" (1911) und das „Gstaad Palace" (1913). Die Alpenluft versprach Heilung bei verschiedensten Krankheiten, kleine Bergdörfer entwickelten sich zu internationalen Kurorten. In Thomas Manns „Der Zauberberg" können Interessierte noch heute nachlesen, daß Davos vor dem Ersten Weltkrieg als Kurort für Lungen- und Asthmaerkrankungen zu den renommiertesten Orten Europas gehörte. Das Aufkommen des Wintertourismus und die Mobilität dank des Automobils machten den Alpenraum in den Jahrzehnten nach dem Zweiten Weltkrieg schließlich für jedermann zugänglich. Die Erschließung immer neuer Bergregionen für den Wintertourismus, der permanente Ausbau der Unterkünfte und die Modernisierung und Kapazitätserweiterung der Bergbahnen schuf in allen Alpenländern eine echte Tourismusindustrie. Das Phänomen des Massentourismus war geboren. Welche Folgen dies für die Alpenwelt hatte, kann der Leser im Kapitel „Mensch und Natur" nachlesen.

Geschichten von Lawinen

Seit die Menschen die Bergwelt bevölkern, sind Lawinen bekannt und gefürchtet, und quer durch die Jahrhunderte bis in die Gegenwart hinein reichen die Berichte von diesen unberechenbaren Naturereignissen. So beschrieb bereits vor Christi Geburt der Schriftsteller und Geograph Strabon Lawinen als übereinanderliegende Schneeschichten, die abgleiten. Es seien „... riesige Schichten, die Karawa-

Lawinennamen

Die Herkunft des Wortes „Lawine" ist für die Sprachforscher ein reiches Forschungsgebiet und hat eine Lawine von Abhandlungen und Theorien über den Ursprung des Wortes ausgelöst. Am plausibelsten scheint die Herleitung vom lateinischen Wort „labi" (herabgleiten) beziehungsweise „labes" (Fall). Im rätoromanischen Sprachgebrauch wurde der Begriff „lavina" verwendet, im französischen „levanze" und „valanze", hergeleitet vom Begriff „val, vallée", da Lawinen ins Tal hinabstürzen. Im deutschen Sprachschatz gibt es verschiedene Ausdrücke: Auch die Klassiker der Literatur verwendeten neben dem Wort „Lawine" die Ausdrücke „Lauwine, Lauine, Lavine, Lowine" und wohl noch andere mehr. In Form von Familien-, Orts- und alten Flurnamen sind diese verschiedenen Bezeichnungen bis heute erhalten geblieben.

nen in den Abgrund werfen ...". Seine Beschreibung stammte von eigenen Erkundungsreisen in die Alpen und in den Kaukasus und von Augenzeugenberichten von Legionären und Handelsreisenden. Vom 12. Jahrhundert an wurden in Chroniken Lawinenkatastrophen überliefert, die vor allem Rompilger, Händler und Söldner heimgesucht hatten.

Jahrhundertelang hatte die Bergbevölkerung keine Erklärung für den Abgang der sie bedrohenden Lawinen. Naturwissenschaftliche Erkenntnisse gab es nicht, und deshalb war sie überzeugt, daß dabei nur Hexen, Dämonen und böse Geister am Werk sein konnten! Bis in die frühe Neu-

Viele Jahrhunderte lang fürchteten sich die Menschen vor riesigen Schneekugeln, die Menschen, Tiere und Häuser einschließen können. J. L. Bleuler bringt dies in seinem Gemälde sehr gut zum Ausdruck. Bild: Zentralbibliothek, Zürich.

Bereits der Zürcher Gelehrte Johann Jakob Scheuchzer beschrieb 1706 die „Grundlowinen", die Steine, Bäume und Felsen mit sich reißen. Der Stahlstich von Jakob Lorenz Rüdisühli verdeutlicht dies auf eindrückliche Weise. Bild: Zentralbibliothek, Zürich.

zeit hinein herrschte dieser Aberglaube. Noch 1652 wurde in einem Hexenprozeß in Avers der Angeklagten vorgeworfen, sie sei die Ursache für abgehende Lawinen. Auch Sagen und Geschichten aus alter Zeit verraten die damals herrschende Einstellung. So erzählt eine Urner Sage von einer Hexe aus Erstfeld, die immer ein schwarzes Gewand trug und keinen guten Leumund hatte. Als donnernd und tosend wieder einmal die Lawine das Wylertal heruntergestürzt kam, wurde sie gesehen, wie sie seelenruhig auf der Lawine saß und dabei auch noch Wolle spann! Doch das sollte ihr schlecht bekommen: Bei der nächsten Gelegenheit wurde sie von vier Männern gepackt und zur allgemeinen Volksbelustigung auf dem Scheiterhaufen verbrannt.

Eine Variante des allgemein herrschenden Aberglaubens sah die Lawine auch als gefährliches Untier, das aus Bosheit oder Rache ins Tal hinunterstürzte, sich seinen Weg mit einem Baum als Ruder bahnend. So begegnet in einer Walliser Sage der unerschrockene und riesige Bochatay dem „Läuwitier", dem er nur Einhalt gebieten kann, indem er ihm im richtigen Augenblick ein Messer entgegenschleudert. Andernorts glaubten die Leute, eine Lawine sei mit dem Läuten der Kirchenglocken zum Stillstand zu bringen. Und in Graubünden grub man im 17. Jahrhundert mit Kreuzen versehene Eier am Fuß der gefährlichen Hänge ein, um die Lawinen mit ihren Dämonen aufzuhalten.

Im Mittelalter herrschte auch die Meinung vor, Lawinen seien riesige Kugeln, die so groß würden, daß sie Menschen, Tiere und gar Häuser einschließen könnten. Auch in Johannes Stumpfs Schweizer Chronik wird von einer Kugel gesprochen, die mit einem „Donnerklapff" talwärts geht. Etwas differenzierter schon unterscheidet Johann Jakob Scheuchzer 1706 in seiner „Beschreibung der Natur-Geschichten des Schweizerlandes" zwischen „Windlauwinen"

So stellte man sich die „Schnee-Lauwinen" noch 1773 vor (aus David Herrlibergers „Topographie der Eydgenossenschaft"). Bild: SLF.

und „Grundlowinen". Die „Windlauwinen" würden vom Wind vor allem bei frischem Schnee ausgelöst und mit einer fürchterlichen Wucht ins Tal hinuntergejagt. Die Schloß- oder Schlaglawinen, eben die „Grundlowinen", würden durch die eigene Schwere angetrieben und alles niederwerfen und mitreißen, was ihnen begegne „... auch Bäume / Felsen / Steine / ja den Grund selbs (daher sie auch Grundlowinen heissen) einwickeln / mit sich fortschleppen / und alles von grund auss reissen". Als Ursachen für Lawinen nennt Scheuchzer verfaulte und verfallende Bäume, Schellen, Glocken, Pistolen oder „anderen Feuerrohren" oder auch nur miteinander redende Reisende, Regen, Frühlingswärme, „Gemsthiere", Schneehühner und alle anderen Vögel. Im Kapitel über die „nöthigen Bewahr- und Rettungs-mittlen auß den Lauwinen" warnt er vor dem Erstellen von Gebäuden in gefährdeten Gebieten und beschreibt Wald und Mauern als möglichen Schutz vor Lawinen. Viele dieser Beschreibungen und Beobachtungen Scheuchzers stellen eine beachtliche naturwissenschaftliche Leistung dar, vor allem wenn man bedenkt, daß Scheuchzer gleichzeitig noch Bergungeheuer und Drachen klassifiziert hatte...

Doch noch rund 50 Jahre später beschrieb David Herrliberger 1754 in seiner „Topographie der Eydgenossenschaft" Lawinen als „zu grossen Ballen zusammengerollte Schneeklumpen", welche von „gächstotzigen Bergen mit ungestümen und entsetzlichen Krachen und Tossen" in die Täler hinunterstürzten. Die Zeit für eine unvoreingenommene Betrachtung des Naturphänomens war noch nicht gekommen.

Erst im 19. Jahrhundert wurden Lawinen nicht mehr nur als eine existentielle Bedrohung, sondern auch als ein gewaltiges, faszinierendes Naturphänomen betrachtet. So schrieb Friedrich von Tschudi in seinem Werk „Tierleben

Rohreggers Lawinensturz am Groß-Venediger 1828. Bild: Schweizerisches Alpines Museum, Bern.

der Alpen" (1863) von „ungeheuren, donnernden Schnee-ströme(n), deren Majestät ebenso groß ist wie die Furcht-barkeit der Gewalt". Als Folge des zu dieser Zeit aufkom-menden Alpinismus wurden die Vorstellungen von Lawinen realistischer, und es gab auch immer mehr Berichte über Lawinenunglücke von direkt Betroffenen. Eine frühe Schil-derung eines Lawinenunglücks stammt von Gerhard Rohr-egger, der am 8. August 1828 zusammen mit dem Erzher-zog Johann von Österreich und dessem Gefolge am Groß-Venediger (3360m) unterwegs war:

„Und in diesem Augenblick fingen grosse Schneeballen von der Spitze abzurollen an, und die ganze Schneeseite wurde in wenigen Augenblicken lebendig. Umkehren konn-te ich nicht, da mein Hintermann, der Jäger Christer, noch auf seinem Platze stand. An der Grenze der Schneeseite befindlich hoffte ich, dass nicht so viel auf mich herabkom-men werde; doch im nächsten Augenblick fasste mich die mit Windeseile abkollernde Schneemasse, schlug mir den feststehenden Fuss aus und riss mich mit sich gleich einem Holzdreiling in die Jähe hinab. Nur soviel Besinnung erhielt ich, dass ich im Augenblicke der Gefahr nicht nach dem

Jäger Christer griff, um mich zu halten, da ich einsah, dass solcher Gewalt nichts widerstehe und er mit mir verloren wäre, sowie ich mich im Augenblicke, als mich die Gewalt fasste, auf den Rücken warf, die Arme weit von mir streckte und die Hacke nicht losliess, und soviel möglich mit dem Kopfe nicht vorauszukommen. Jetzt bist du des Todes, dach-te ich, als ich die Jähe hinabflog, die Eiskluft unter mir wis-send, rundum hörte ich nur das Brausen der Lawine und konnte vor Schneestaub nichts sehen. Da verspürte ich nach wenigen Sekunden, dass es mich an die entgegenge-setzte Seite der Keeskluft mit der Brust anschleuderte. Denn ich hatte furchtbare Schmerzen, über meinem Kopf hörte ich die Lawine ein Vaterunser lang vorüber rauschen, die durch ihre Schwere mich nur um so schmerzlicher an die Kluftwand andrückte. Ich war so fest im Schnee einge-graben, dass ich ausser dem rechten Arm, unter dem ich meine Hacke spürte, kein Glied rühren konnte."[1]

Die Schicksalsgemeinschaft von St. Antönien
Wenn es einen Ort gibt, der mit Lawinen assoziiert wird, dann ist das St. Antönien. Das kleine Dörfchen in Grau-bünden hat jahrhundertelang unter dem „Weißen Tod" gelitten wie kein zweites. Der Ort liegt in einem rund 50 Quadratkilometer großen Talkessel im Prättigau und ist rundum von steilen Berghängen umgeben. Alles deutet darauf hin, daß der Ort trotz seiner exponierten Lage im Frühmittelalter nicht gefährdet war – wie überhaupt da-mals Lawinen sehr viel seltener Schaden anrichten konn-ten als in späterer Zeit: Die steilen Abhänge waren näm-lich bis ins Tal hinunter bewaldet. Doch in den folgenden Jahrhunderten wurden die Wälder rücksichtslos und

[1] zitiert aus: Flaig, Walther: Lawinen. Wiesbaden 1955.

leichtsinnig abgeholzt, erst 1635 wurde versucht, mit dem Rohrbannbrief diese Rodungen einzuschränken. 1668 und 1696 folgten ein „Meierhofer-Leue-Waldbrief" (Lawinen-waldbrief). Die Gefahr war erkannt worden, doch verbindlich schienen die Briefe nicht gewesen zu sein: Noch 1696 wurde im Meierhof-Wald gerodet, und es entstand ein idealer Durchgang für Lawinen. Bereits 1720 stürzte eine große Schneemasse duch die Schneise nieder und zerstörte einige Häuser.

In der Ortenstein-Chronik, benannt nach den Herren des Domleschger Schlosses Ortenstein, wurden „Gesammelte Bemerkungen aus dem St. Antöniertal" akribisch festgehalten. Diese alte Chronik gibt einen Einblick in die Lawinenwinter vergangener Zeiten, hält Schadenereignisse fest und beschreibt die Stimmung der Menschen während solcher Gefahrenzeiten: Die Bauern hockten tagelang in ihren düsteren, engen Hütten, wagten sich wegen der Lawinengefahr nicht aus dem Haus und mußten das immer unruhiger und hungriger werdende Vieh hören, das dringend gemolken werden sollte. Wegen der drohenden Verarmung – das bißchen Vieh war oft der einzige Besitz einer Familie – setzten deshalb die Bauern immer wieder ihr Leben aufs Spiel und verließen ihre Behausungen. Eine anschauliche Beschreibung stammt aus dem Jahr 1668:

„Auf dem äussern bord war ein fuotrig winter Rinder, im merz oder Februar nach Italien zu marckt getrieben wurden, so wie in älteren Zeiten merere solcher fuotrigen waren. Der fuotrer war über nacht am Platz blieben; es schneit(e) (die) ganz(e) nacht und (den) drauf folgenden Tag. 'Ich muss zur fuotrig, ich möchte bald nicht mehr zum stall und hab müste verhungeren.' (...) 'Bleib nur', rieth man ihm, 'du begäbst dich in grösste gfar; sobald (die) Leue ab ist, wollen wir dir zum stall helfen.' (...) 'Ich kann nicht länger warten, ich häte nächtig sollen gehen usw.' Er kommt biss nach an (den) stall (die) Leue schlagt ihn fort und ab in (den) bach. Nach am ersticken, springt (die) 30–40 Schuh hohe Leue ob ihm voneinander, und er kommt durch den Spalt glücklich selbst hinauf und zum stall und Vieh."[2]

In diesem Winter von 1668 kamen Menschen glücklicherweise nicht zu Schaden. Die Bilanz von einem Haus, 17 Ställen und 6 Bargen (Heuställen), die zerstört, und 14 Kühen, 3 Rossen, 38 Stück Galtvieh (Rinder) sowie 30 Stück Schmalvieh (Kleintiere), die getötet wurden, scheint für die Verhältnisse von St. Antönien eher glimpflich zu sein.

Folgenschwerer verlief der nächste Lawinenwinter: Am 25. Januar 1689 stürzte frühmorgens eine Lawine auf die Schwendi, riß einen Stall mitsamt dem Bauern Christian Lötscher mit sich und begrub ihn und sein Vieh unter den Schneemassen. Mensch und Tiere kamen in der Lawine um, bis auf ein Kalb, eine Ziege und ein Schaf, die erstaunlicherweise noch sechs Tage später von einem Suchtrupp aus dem Schnee geborgen werden konnten. Doch dem bekam die Hilfsbereitschaft schlecht. Plötzlich lösten sich gewaltige Schneemassen über den Köpfen der Retter und fuhren mit Getöse talwärts. Dabei zerstörten sie acht Häuser und töteten zwölf Menschen. Im Kirchenbuch wurden ihre Namen unter dem Titel „in der lauwana sind umbkomme..." aufgeführt.

Wem die Lawine Haus und Viehbestand zerstörte, der wurde seiner Lebensgrundlage beraubt. Versicherungen im heutigen Sinne gab es nicht, und die Hilfsbereitschaft der Nachbarschaft und die Unterstützung durch den Staat waren unterschiedlich. Oft wurden Lawinengeschädigte

[2] zitiert aus: Finze-Michaelsen, Holger: Die Geschichte der St. Antönier Lawinen. Schiers 1988.

von der Gemeinschaft gratis verköstigt, und die Obrigkeit händigte ihnen einen Bettelbrief aus, mit welchem sie in anderen Gemeinden um milde Gaben bitten konnten. Auch die Kirchen riefen hin und wieder zu Spenden auf. In Churer Ratsprotokollen sind Beschlüsse über Geldspenden und die Erlaubnis zum Hausieren für Lawinenopfer noch heute nachzulesen. Eine systematische Hilfe wurde den Betroffenen allerdings erst in unserem Jahrhundert zuteil: Die „Weihnachtslawine", die 1919 in St. Antönien 23 Gebäude verschüttete, richtete einen Schaden von 84'000 Franken an – für die damalige Zeit eine enorme Summe. Dank umfangreicher Hilfsaktionen, unter anderem auch von ehemaligen Kurgästen, konnte den Betroffenen mehr als die Hälfte ihres Schadens wiedergutgemacht werden.

Manchmal ließen Leichtsinn und Sorglosigkeit die von einem Lawinenunglück betroffenen Familien ihre Häuser wieder in die gleichen Lawinenzüge hineinstellen. Die Büschenlawine, genannt nach einer Flurbezeichnung aus dem Gafiental, einem Seitental des Prättigaus, ging am 29. März 1756 zum ersten Mal nieder und verschüttete ein Haus mitsamt seinen Einwohnern. Wie groß die Lawine gewesen sein mußte, zeigt die Tatsache, daß das Kind drei Wochen, der Vater gar erst zwölf Wochen nach dem Lawinenunglück gefunden werden konnten. Die Ortenstein-Chronik betont, daß dieses Haus „uralt" gewesen sei, und man demzufolge eigentlich sicher hätte sein müssen, obwohl kein schützender Wald am Berghang gestanden habe. Als Ursache für den überraschenden Niedergang wurden Arbeiten am Berg vermutet, die den Boden völlig geebnet und Mulden aufgefüllt hätten, so daß die Lawine ungehindert hätte niedergehen können. Folglich wurde der Ort immer noch als sicher betrachtet, und man baute auf den Grundmauern der Ruine ein neues Haus auf. Doch es hatte nicht lange Bestand: Bereits 20 Jahre später, im Februar 1776, wurde es von der zweiten Büschenlawine weggefegt. Alle Hausbewohner wurden in ihren Betten getötet, nur der Hausherr Christian Ladner selbst überlebte, weil er eben erst zu Bett gehen wollte. Noch einmal wurde das Haus am gleichen Ort wieder aufgebaut, bis am 22. Dezember 1797 eine dritte Lawine den Fütterer Thomas Ladner und elf Kühe tötete. Mit einer Wiederkehrdauer von 20 Jahren war die Büschenlawine regelmäßig niedergegangen!

Selbstverständlich war in den vergangenen Jahrhunderten nicht nur St. Antönien von Lawinen bedroht. In sogenannten Lawinenwintern gab es überall im Alpenraum große Unglücke, teils weil die Standorte für die Siedlungen falsch gewählt worden waren, viel öfter aber wegen der rücksichtslosen Abholzung der schützenden Wälder. Bedroht war auch immer wieder die Landschaft Davos. Auf dem Gebiet der größten Schweizer Gemeinde gibt es viele potentielle Lawinenzüge, von denen heute allerdings die meisten durch Verbauungen gesichert sind.

In einer Chronik, die Oberst Fluri Sprecher von Bernegg, Ritter und Landschreiber, 1575 zusammengetragen hat, ist ein sehr frühes Lawinenunglück beschrieben: Martin Schlegel, Landammann von Davos, soll 1440 einen ganzen Tag lang in einer Lawine gelegen sein, bevor er „durch Gottes Wunder und Hülfe" mit dem Leben davongekommen sei – im Gegensatz zu elf andern Davosern, die in derselben Lawine umgekommen waren. Schlimm traf es die Gemeinde auch am 16. Januar 1602, und zwar um Mitternacht: Nachdem es unaufhörlich geschneit und der Schnee bereits über „15 Schuh" Höhe erreicht hatte, brachen an verschiedenen Orten gewaltige Lawinen los, zerstörten 70 Häuser und töteten 13 Menschen. Noch schlimmer wurde es am 13. März 1609: Eine „so grusam grüseliche Schneelöuwi" brach auf das Dorf hinunter, daß im ganzen 26 Menschen umkamen, insbesondere auch der Landammann Peter Guler, der „mitsamt dem ganzen Husvolk in sinem ganz g´müreten Hus jämmerlich um sin Leben kommen" – also selbst ein gemauertes Haus konnte den starken Lawinenkräften nicht standhalten. Aber nicht nur das Dorf Davos war bedroht, auch der Flüela-Paß und vor allem der gefährliche Scaletta-Paß galten im Winter als höchst unsicher. So ist es auch kein Zufall, daß das Eidgenössische Institut für Schnee- und Lawinenforschung heute in Davos seinen Sitz hat.

Gargellen in Montafon. Bild: Österreich Werbung.

Selten sind so ausführliche Überlieferungen wie die Ortenstein-Chronik anzutreffen, doch weitere Berichte von Lawinenkatastrophen gibt es 1459 aus Disentis, wo 16 Todesopfer, und 1518 und 1719 aus Leukerbad, wo es einmal 61 und einmal 55 Tote zu beklagen gab. Das größte bekannte Lawinenjahr ist 1720: Rund 300 Tote wurden im Schweizerischen Alpengebiet verzeichnet. In unserem Jahrhundert richtete der Lawinenwinter 1950/51 mit 98 Toten am meisten Unglück und Schaden an. Diese Lawinenkatastrophen führten zu einer Reihe von Schutzmaßnahmen: Technische Verbauungen, Sicherung der gefährdeten Gebiete, Zonenpläne und behördliche Vorschriften zur Schonung der Gebirgswälder hatten zur Folge, daß die Bevölkerung der „Weißen Gefahr" heute viel weniger ausgesetzt ist als noch vor wenigen Jahrzehnten.

Die Katastrophe von Montafon

Eine der schlimmsten Lawinenkatastrophen im Alpenraum ereignete sich im österreichischen Montafon, dem Tal der Ill in Vorarlberg, im Februar 1689. „Die Lawinen-Chronik" aus demselben Jahr schildert die Katastrophe eindrücklich: „Nachdem Gott der Allmächtige den 2., 3. und 4. Februar 1689 einen so grausamen übergroßen Schnee hat fallen lassen, sind in unserm Tale viele Menschen und Vieh durch die herabfallenden Lawinen nebst vielen Häusern, Ställen, Bäumen und verschiedenen Gemächern zugrunde gerichtet worden. Auch viele Güter sind grausam verderbt worden." Das Elend und die Not müssen unbeschreiblich gewesen sein: Keiner wußte, wohin er fliehen sollte. Selbst 300 Jahre alte Häuser waren von den Lawinen fortgerissen worden, während neuere, für weniger lawinensicher gehaltene Behausungen stehen geblieben waren. Viele Leute hatten keine Kleider mehr, von Lawinen überrascht, muß-

ten sie fliehen, während ihre Häuser zerstört oder fortgetragen wurden. Die Panik war groß, Männer, Frauen und Kinder verkrochen sich in Löcher und Keller, während andere es vorzogen, die eiskalten Nächte im Freien zu verbringen: Sie hatten Angst, der „Weiße Tod" könnte sie im Schlaf überraschen. „Die Nacht hörte man die armen Verwundeten auf den Lawinen, oder halb verschüttet von diesen, um Hilfe rufen. Oft konnte man nicht helfen wegen zu großen Schneemengen oder größter Lawinengefahr. Grausam war es auch, wie man hernach die Menschen aufgesucht und ausgegraben hat, zum Teil erst nach sechs, acht und zehn Wochen, blutig und schrecklich zugerichtet, manchen Arme und Beine weggerissen und der ganze Leib greulich zerschunden. Das Aussehen war bei vielen so entsetzlich, daß sich ein Stein hätte erweichen können."[3]

---

[3] zitiert aus: Flaig, Walther: Lawinen. Wiesbaden 1955.

Die Bilanz der katastrophalen drei Tage macht das Ausmaß der Tragödie sichtbar: In sieben Montafoner Dörfern starben 120 Menschen in den Schneemassen, 326 Kühe und Rinder sowie 584 Ziegen und Schafe wurden erschlagen und begraben, 119 Häuser und 692 Speicher und Ställe zerstört. Insgesamt entstand ein Sachschaden von 56'525 Gulden – eine für die damalige Zeit ruinöse Summe. Viele Talbewohner entkamen in diesen Tagen und Nächten dem Tod nur knapp: Glück hatte etwa jener Pfarrer, der mit sechs Getreuen einer Sterbenden die Sakramente bringen wollte. Die Geschichte besagt, daß er von einer Lawine „unrettbar verschüttet", aber fast unmittelbar danach von einer zweiten wieder freigelegt wurde. Obwohl sich die Hilfsaktionen unter den herrschenden Verhältnissen schwierig gestalteten, wurden insgesamt 180 Menschen teilweise noch bis zu 72 Stunden nach dem Unglück lebend aus den Schneemassen geborgen.

Lebendig begraben

Lawinen üben auf die Menschen eine unheimliche Faszination aus, wohl auch, weil mit ihnen eine der menschlichen Urängste verbunden ist: die Angst, lebendig begraben zu sein. Doch wer in eine Lawine gerät, hat eine zumindest kleine Chance, mit dem Leben davonzukommen. Beispiele dafür gibt es einige. Den unfreiwilligen Rekord, am längsten unter den Schneemassen begraben gewesen zu sein, halten drei Italienerinnen. In Bergelometto im Piemont waren sie 37 Tage lang in einem Stall unter einer Lawine verschüttet. Ihr an ein Wunder grenzendes Überleben verdanken sie der Tatsache, daß sie auf diese Weise keinen direkten Schneekontakt hatten. Der „wahrhaftige und außerordentliche Bericht" über ihre Rettung stammt vom Arzt Ignaio Somis, der sie nach ihrem Unglück behandelt hatte. Die

Lawine stürzte am 19. März 1775, gerade vor der Sonntagsmesse, nieder und begrub die 45jährige Maria Anna Rocchia, ihre Schwägerin Anna Rocchia, deren 13jährige Tochter Margareta und den sechsjährigen Sohn Antonio im Stall. Das Dach war zusammengebrochen und hatte einen Sarg von einigen Metern Länge und Breite entstehen lassen, gerade so hoch, daß die Verschütteten darin stehen konnten. In den ersten paar Tagen starb das Vieh bis auf zwei Ziegen – eine davon war trächtig und hatte keine Milch. Anna hatte noch 15 Kastanien bei sich, die die vier in den ersten Tagen heißhungrig verschlangen, danach blieb ihnen nichts mehr als die Milch der einen Ziege. Der Verwesungsgeruch im Stall muß bestialisch gewesen sein, und da es schon April war und der Schnee langsam auftaute, tropfte ständig Schmelzwasser in die Höhle. Am 12. Tag starb der kleine Antonio nach heftigen Bauchkrämpfen – doch die drei Frauen warteten, mit dem toten Jungen an ihrer Seite, weiterhin auf ihre Rettung. Sie hatten kaum mehr Hunger und jedes Zeitgefühl verloren. Der Hahn, der in den ersten Tagen noch gekräht hatte, war gestorben. Der einzige Anhaltspunkt war die Ziege, die ein Junges warf: Es mußte Mitte April sein, falls die Umstände den Zeitpunkt nicht verschoben hatten. Die Frauen töteten das Kitz sofort, denn sie brauchten die Milch zum Überleben.

Mittlerweile nahmen die männlichen Familienmitglieder die Suche – nach den Leichen, wie sie glaubten – wieder auf. Einige Tage nach dem Unglück waren die Bemühungen als hoffnungslos aufgegeben worden, denn der Schnee türmte sich meterhoch. Erst jetzt, als es zu tauen begann, fing man wieder an zu graben und stieß auf den Stall: Das Erstaunen und die Freude, aber auch das Grauen müssen groß gewesen sein, als man die drei noch lebenden Frauen fand! Diese waren in einem erbärmlichen Zustand. Während sich die beiden jüngeren schnell wieder erholten, kämpfte Maria Anna Rocchia noch lange mit den Folgen: Sie war kahl, konnte nicht mehr richtig sehen, lange nicht mehr schlafen und auch erst nach Wochen wieder gehen.

Wesentlich kleiner sind die Überlebenschancen für Verschüttete, wenn sie direkt unter die Schneemassen zu liegen kommen. Doch Ausnahmen gibt es auch da: 52 Stunden lang lag Peter Salzgeber, ein dreizehnjähriger St. Antönier, im Winter 1807 unter einer Lawine. Er war bewußtlos und erwachte erst wieder, als der Schnee um ihn herum durch seine Körperwärme etwas geschmolzen war. Er hörte die Suchenden nach ihm rufen, doch so sehr er auch weinte, rief und versuchte, durch die Finger zu pfeifen – er wurde nicht gehört. Von neuem wurde er bewußtlos und hatte Halluzinationen von einem „herrlich glänzenden Knäblein". Als er wieder zu sich kam, sah er weit oben im Schnee einen Tagesschimmer, aber es erschien ihm ungewisser denn je, ob er gerettet würde, zumal ihn auch

Schmerzen und Hunger plagten. Wegen des Wetters konnten die Rettungsarbeiten erst am dritten Tag, wieder aufgenommen werden. Den Eltern hatte man bereits geraten, für ihren Sohn einen Sarg anfertigen zu lassen, als der Bub nach 52 Stunden im Schnee doch noch gerettet wurde. Nach sieben Tagen im Bett und den ersten Gehversuchen war er einige Wochen später wieder völlig hergestellt. In einer Familienchronik dankt er 56 Jahre später als alter Mann noch einmal seinem Schöpfer, der ihn das Lawinenunglück hatte überleben lassen.

Der „starke Flütsch" galt mit seiner enormen Kraft als der stärkste St. Antönier. Gerade sein Beispiel zeigt aber, daß es keine riesigen Schneemassen braucht, um in einer Lawine umzukommen. Schon die Kräfte, die bei einem kleinen Schneerutsch frei werden, können diejenigen eines Menschen bei weitem übersteigen. Flütsch war am 30. Januar 1868 mit zwei Kollegen zu einer Fuchsjagd aufgebrochen. Dabei ging Flütsch ein steiles Tobel hoch, während seine Kollegen unten warteten. Er hatte schon ein gutes Stück des Weges zurückgelegt, als über ihm eine Wächte losbrach und ihn unter sich begrub. Flütsch war „nur" etwa einen halben Meter tief im Schnee vergraben, sein Körper wurde eine Stunde nach dem Unglück „unversehrt und unverstümmelt" geborgen. Er war noch warm und weich, und bis in den Abend hinein wurde er zu Ader gelassen und mit Bürsten und belebendem Öl „tractiert", aber es half nichts: Der starke Mann war einer vergleichsweise harmlosen Lawine zum Opfer gefallen.

Diese antike Bildtafel (Ex Voto) wurde um 1700, wahrscheinlich aus Dankbarkeit für die gelungene Rettung aus einer Lawine, einem unbekannten Maler in Auftrag gegeben. Bild: SLF.

Die Vorstellung von Lawinen wurde als Folge des aufkommenden Alpinismus allmählich realistischer, wie diese Lithographie von S. Weibel verdeutlicht. Bild: Schweizerisches Alpines Museum, Bern.

Tragisch ist auch die Geschichte des berühmten Joseph Bennen. Dieser war 1864 einer der gefragtesten Bergführer. Der Ingenieur Philippe Gosset machte sich deshalb nicht allzuviel Hoffnung, als er den 45jährigen bat, ihn auf den Haut de Cry, einen nicht sehr hohen Gipfel im Rhonetal, zu führen. Zudem war Winter, und während dieser Jahreszeit ging Bennen kaum in die Berge. Doch er brauchte Geld, weil er noch einmal heiraten wollte.

Wie Gosset in seinem Bericht festhielt, verlief der Aufstieg ohne größere Zwischenfälle. Etwa 100 Meter unterhalb des Gipfels beriet die Seilschaft, auf welchem von zwei möglichen Graten sie am gefahrlosesten den Gipfel erreichen würde. Bennen entschied sich für den östlichen Grat, der schmal und von wenigen Felszacken unterbrochen war, zwischen denen eine Menge Schnee lag. Um auf diesen Grat zu gelangen, mußte die sechsköpfige Gruppe zuerst ein etwa 250 Meter großes Schneefeld hochsteigen. Der

Aufstieg war schwer, und Bennen gefiel der Schnee gar nicht. Als der vorderste Führer nur noch wenige Meter vom rettenden Grat entfernt war, geschah es:

„Wir hörten einen dumpfen, schneidenden Ton; das ganze Schneefeld hatte sich etwa vier oder fünf Meter über uns gespalten. Der Riß war erst nur ganz schmal, nur 3 cm breit. Ein ängstliches Schweigen folgte; es dauerte nur wenige Sekunden und wurde dann durch Bennens Stimme unterbrochen: 'Wir sind alle verloren.' Seine Worte waren langsam und feierlich, und die, welche hinter ihm waren, wußten, was sie sagen wollten, wenn ein Mann wie Bennen sie aussprach. Es waren seine letzten Worte. Ich steckte meinen Alpenstock in den Schnee, damit das Gewicht meines Körpers auf ihm lastete; er drang bis zum oberen Ende ein. Ich wartete jetzt. Es war ein entsetzlicher Moment der Spannung. Ich wandte mich nach Bennen, um zu sehen, ob er es ebenso gemacht. Zu meinem Erstaunen drehte er sich um, sah ins Tal hinab und breitete beide Arme aus.

Der Boden, auf dem wir standen, fing nun an, sich langsam zu bewegen, und ich erkannte die vollkommene Nutzlosigkeit meines Alpenstocks; er hatte den festen Boden unter dem Schnee nicht erreicht. Ich sank bald bis über die Schultern in den Schnee und bewegte mich rücklings abwärts. Von diesem Augenblick an sah ich nicht mehr, was aus den andern wurde. Mit großer Mühe gelang es mir, mich umzudrehen. Die Geschwindigkeit der Lauine nahm rasch zu, und es dauerte nicht lange, so war ich mit Schnee bedeckt und in tiefster Dunkelheit. Ich erstickte fast, als ich plötzlich durch einen Stoß wieder an die Oberfläche kam. Wahrscheinlich war das Seil an einem Stein hängen geblieben und in diesem Moment gerissen. Ich war auf der Welle der Lauine und sah sie vor mir, als ich hinuntergetragen wurde. Es war der schauerlichste Augenblick, den ich je gehabt habe.

Die Spitze der Lauine war schon an den Ort gelangt, wo wir zuletzt gerastet hatten. Nur der Spitze ging eine dikke Schneestaubwolke voran, die übrige Lauine war frei. Rings um mich hörte ich das fürchterliche Zischen des Schnees und weit vor mir den Donner des unteren Teils der Lauine. Um nicht wieder unterzusinken, brauchte ich meine Arme in derselben Weise, wie wenn ich in aufrechter Weise schwimmen wollte. Endlich fühlte ich, daß ich mich langsamer fortbewegte; dann sah ich die Schneemassen etwa ein bis zwei Meter vor mir stehenbleiben. Ich fühlte, daß auch ich stillstand, und warf sogleich meine beiden Arme hoch, um meinen Kopf zu schützen, im Falle ich wieder zugeschüttet werden sollte. Ich stand still, aber der Schnee hinter mir war noch in Bewegung; sein Druck gegen meinen Körper war so stark, daß ich glaubte, ich würde erdrückt werden.

Meine erste Bewegung war zu versuchen, ob ich meinen Kopf nicht frei machen könnte – es war aber unmöglich, die Lauine war in dem Augenblicke zusammengefroren, als sie hielt, und ich war eingefroren. (...) Ein Todesschweigen herrschte um mich her. Ich war so überrascht, daß ich noch lebte, und so überzeugt, daß keiner meiner Leidensgefährten noch atmete, daß ich nicht einmal nach ihnen rief. (...)

Nach einigen Minuten hörte ich das Rufen eines Mannes; was war das nicht für ein Trost für mich zu wissen, daß ich nicht der einzige Überlebende sei – zu wissen, daß er vielleicht nicht eingefroren und mir zu Hülfe kommen könne! Ich antwortete; die Stimme näherte sich, schien aber ungewiß, wohin sie sich wenden sollte, obgleich sie ganz nahe war. Ein plötzlicher Ausruf der Überraschung! Rebot hatte meine Hände gesehen. (...)

Ehe Rebot zu mir kam, hatte er Rance aus dem Schnee geholfen; dieser lag horizontal und war nicht sehr tief bedeckt gewesen. Rance fand Bevard, der aufrecht im Schnee stand, aber bis zum Kopf zugeschüttet war. Nach ungefähr 20 Minuten kamen die beiden letztern Führer auch heran. Ich wurde endlich herausgenommen; der Schnee mußte mit der Axt bis zu meinen Füssen herausgehauen werden, ehe ich loskam. (...) Als ich aus dem Schnee genommen war, mußte das Seil durchgeschnitten werden. Wir versuchten, dem Seil folgend, Bennen zu erreichen, konnten es aber nicht bewegen; es ging fast gerade hinunter und zeigte uns, daß dort das Grab des bravsten Führers sei, den das Wallis je gehabt und je haben wird."[4]

---

[4] **zitiert aus: Coaz, Johann: Die Lauinen der Schweizeralpen. Bern 1881.**

**Nächtliche Suche nach Verschütteten in Heiligenblut 1951.
Bild: Walter Flaig: Lawinen. Wiesbaden 1955.**

Glück und eiserner Wille – Voraussetzungen zum Überleben

Eine wichtige Voraussetzung zum Überleben im Schnee ist die mentale Stärke – und vor allem viel Glück. Die drei Italienerinnen konnten nur überleben, weil sie immer an ihre Rettung geglaubt, sich gegenseitig ermutigt und sich nie aufgegeben hatten. Schwieriger ist eine solche Leistung, wenn man allein verschüttet ist. Die Versuchung, den Mut zu verlieren, wird immer größer, und es braucht schon einen eisernen Willen, um die sich dehnenden Stunden und Tage im eisigen, dunklen Grab zu überleben. Beinahe unglaublich scheint deshalb die Leistung von Gerhard Freissegger zu sein, der es nicht weniger als zwölfeinhalb Tage lang ausgehalten hatte – mit direktem Schneekontakt.

Der 26jährige Österreicher Gerhard Freissegger arbeitete im Lawinenwinter 1950/51 als Angestellter eines Unternehmens für den Bau von Staumauern im kleinen Bergdorf Heiligenblut unter dem Großglockner im Bundesland Kärnten. Um Material zur Baustelle zu bringen, war eine Seilbahn errichtet worden. Freissegger und zwei Kollegen arbeiteten und lebten in deren Mittelstation, der Sattelalp. Am Wochenende des 20. Januars 1951 hätte Freissegger eigentlich frei gehabt, aber er tauschte mit einem Kollegen ab, der verheiratet war und nach Hause gehen wollte. Ein großzügiges Angebot, denn die Lage war alles andere als gemütlich: Schon tagelang hatte es geschneit, und nichts deutete darauf hin, daß das Wetter umschlagen würde. An diesem Abend gegen sechs Uhr, nachdem der Sturm orkanartige Züge angenommen hatte, schlossen Freissegger und sein Kollege Siegfried Lindner die Mittelstation und zogen sich in die kleine Wohnhütte 50 Meter oberhalb der Station zurück. Beide wußten, daß sich bei diesem Wetter die Lawinengefahr stündlich vergrößerte. Um zwei Uhr in

Rettung aus den Schneemassen – für die Verschütteten mußte sie immer ein Wunder sein. Bild: Holzschnitt von E. Rittmeyer, Schweizerisches Alpines Museum, Bern.

der Nacht schließlich stürzte mit riesigem Getöse die Lawine zu Tale, die das Haus von Lindner und Freissegger verschütten sollte. Es war nur eine von insgesamt elf großen Lawinen, die in dieser Schreckensnacht niedergingen und das kleine Dörfchen Heiligenblut in Angst und Schrecken versetzten.

Freissegger hatte ein Splittern und Krachen gehört, einen eisigen Hauch verspürt und war mit aller Kraft auf die Matratze gedrückt worden. Dort konnte er sich kaum mehr rühren: Seine Beine und der linke Arm waren eingeklemmt, auf allen Seiten war er, nur mit der Unterwäsche bekleidet, von Schnee umgeben. Vor seinem Gesicht war ein kleiner Hohlraum, denn instinktiv und zu seinem Glück hatte er die Hände vors Gesicht gerissen und sich so eine kleine Atemhöhle verschafft. Nur seinen rechten Arm konnte er etwas bewegen, genug, um Mund und Nase zu befreien und durchzuatmen.

Freissegger gab die Hoffnung auf eine schnelle Rettung nicht auf. Und wie erwartet hörte er schon bald Schritte und Rufe der Bergungsmannschaften, doch so sehr er auch schrie und rief, er konnte sich nicht bemerkbar machen. Am nächsten Tag hörte er, wie die Suche wieder aufgenommen wurde, und diesmal wurde ein Lawinensuchstab so nahe neben ihm auf ein Stück Holz gestossen, daß er sogar die Vibrationen spüren konnte. Am vierten Tag war Freissegger vom Schmelzwasser völlig durchnäßt, er konnte sich aber etwas besser bewegen, weil auch sein linker Arm freigekommen war. Er sprach zu sich selber, sang sich alle Lieder vor, die er kannte, und begann, mit den Fingernägeln am eisigen Grab zu kratzen. Die Marter mußte groß sein: Zweimal am Tag kamen zwanzig Meter entfernt seine Kollegen an ihm vorbei, um Material auf die Baustelle zu bringen, da die Seilbahn zerstört worden war. Freissegger hörte sie jedesmal kommen, er schrie, flehte, fluchte, aber vergebens: Er wurde nicht gehört.

Am achten Tag etwa, seine Glieder waren jetzt taub und geschwollen, fand Freissegger einen Holzspan, mit dem er versuchte, sich einen Weg an die Oberfläche zu bahnen. Es war eine unmenschliche Anstrengung, denn Freissegger war so schwach, daß er seine Finger kaum bewegen konnte. Doch endlich, am zehnten Tag gelang es ihm, damit bis zur Oberfläche vorzustossen. Noch einmal bewies er seine große Willensstärke: Durchnäßt und nur mit der Unterwäsche bekleidet, würde er sofort sterben, wenn er sein schützendes Loch verlassen würde. Er zwang sich, auf die Materialträger zu warten, die ihn erst zwei Tage später bemerkten und ins Spital von Lienz brachten.

Freissegger war in einem erbärmlichen Zustand: Er soll über dreißig Kilogramm Gewicht verloren haben, wies Erfrierungen dritten Grades auf, hatte Blasen-, Nieren- und Lungenentzündungen und mußte die erfrorenen Beine amputieren lassen – aber er lebte.

Makaberer Rekord im Ersten Weltkrieg

Immer schon haben Lawinen auch bei kriegerischen Auseinandersetzungen eine Rolle gespielt. Bereits die Eidgenossen waren bei ihrem Zug nach Mailand 1478 von Lawinen am Gotthard schwer getroffen worden, aber auch im Schwabenkrieg dezimierten Lawinen die kämpfenden Soldaten. Auch die Truppen Suwarows und Napoleons waren vor Lawinen nicht gefeit.

Die Möglichkeit, den Abgang von Lawinen auch künstlich herbeizuführen, wurde im Ersten Weltkrieg entdeckt. Die Gegner versuchten dabei, mit Kanonenschüssen und Minenwerfern Lawinen über den feindlichen Truppen auszulösen. Die Schätzungen, wie viele Soldaten in diesen Kriegswintern ums Leben gekommen sind, gehen auseinander. Wahrscheinlich verloren die italienischen und österreichischen Truppen während dieser Zeit insgesamt zwischen 40'000 und 60'000 Mann. Allein in zwei Tagen im Dezember 1916 kamen 6'000 österreichische und ebenso viele italienische Soldaten ums Leben. Bei den Kampfhandlungen im Alpengebiet starben mehr Soldaten den Weißen Tod als den Heldentod.

Matthias Zdarsky war Instruktor der österreichischen Gebirgstruppe und im Ersten Weltkrieg als alpiner Referent der Zehnten Armee an der sogenannten Alpenfront

Mit solchen Minenwerfern wurden auch im Zweiten Weltkrieg Lawinen künstlich ausgelöst. Bild: SLF.

gegen die Italiener im Einsatz. Die Fähigkeit des Kärntners, in der Gebirgswelt und in Lawinengebieten zu überleben, hatte für die Truppen einen unschätzbaren Wert.

Nachdem sich Zdarsky jahrelang immer wieder aus schier unglaublichen Situationen retten konnte, verschüttete ihn am 28. Februar 1916 eine Lawine an der Front. Als Berichterstatter über Lawinenunglücke und Verfasser verschiedener Leitfäden dazu hinterließ er einen von schwarzem Humor triefenden Augenzeugenbericht über dieses Ereignis: „In diesem Moment hörte ich zwischen dem Kanonendonner der nahen Front auch einen Lawinendonner; ich rief laut zu meinen Begleitern zu der Felswand hin: 'Eine Lawine! Dort bleiben!' (...) Der sonnige Tag (wurde) finster, ich blickte auf, und über mir senkte sich quer zu der westlichen Steilwand des Felsens ein schwarzfleckiges Ungeheuer von 60 bis 100 Meter breiter Ausdehnung wie ein Riesenfliegenpracker auf mich. Ich genoß eine sehr rasche Beförderung in die Tiefe; die Toten der Baracke wurden herausgewühlt und rieben sich in der wälzenden, über Felsstufen springenden Masse an mir. Ich konnte alle anatomischen Veränderungen (in mir) wahrnehmen, bis ich mir wie die Jungfrau ohne Unterleib vorkam, als mir das Kreuzbein abgeschlagen wurde. Die Pressung nahm immer mehr zu, der Mund hatte einen Eisstoppel, die Augen waren wie ausgepreßt, das Blut, das unter der Haut sickerte, erzeugte ein Gefühl, wie wenn ich meine Gedärme nachziehen würde; ich belächelte diese 'Lawinenschnur' und wünschte mir nur eine etwas raschere Reise ins Jenseits. Aber die Lawine verlangsamte ihren Lauf, der Druck nahm zu, meine Rippen knacksten am Rückgrat wie ein verstimmtes Klavier, das Genick krachte, und ich dachte: 'Na, endlich ist es aus!' Aber die Lawine mußte dem Druck der Nachlawine nachgeben, sie spaltete sich in mehrere Teile, ich hörte ein 'Pfui Teufel!', und die Lawine spuckte mich heraus."[5]

Zdarsky erlitt bei diesem Höllenritt mehr als 80 Knochenbrüche, und wenn es fast schon an ein Wunder grenzt, dass er diese Tortur überlebte, dann ist es fast noch weniger zu glauben, daß er sein Leben wieder normal aufnehmen konnte – allerdings erst nach elf Jahren der Rehabilitation und Therapie.

Lawinen und Medien

Daß Naturkatastrophen, insbesondere auch Lawinenunglücke, die Menschen berühren, nützen auch die Medien aus. Lawinenunglücke haben alles, was ein Journalistenherz begehrt: Dramatik und Hektik, Helden und Opfer, Freud und Leid, Rettung und Tod. Was Wunder, daß bereits in einer der ersten Ausgaben der „Neuen Zürcher Zeitung" (NZZ Nr. 44 vom 28. Januar 1879) ein Lawinenunglück, von dem die Gotthardpost betroffen war, in populären Worten beschrieben wird: Ein Fuhrwerk mitsamt Pferden wurde verschüttet. Da sich die Retter mit „bewunderungswürdiger Kaltblütigkeit" ans Werk machten, konnten alle Menschen gerettet werden, es wurden auch „die Pferde aus ihrem kalten Grab befreit (...), mit Ausnahme von zweien, die elendiglich zu Grunde gingen."

Auch wenn heute immer mehr vor allem junge Leute ihren Tod in den Schneemassen selber verschulden, hat die Berichterstattung darüber nichts von ihrer unheimlichen Faszination verloren. Meldungen, Reportagen und Erlebnisberichte über Lawinenunglücke vermitteln den Leserinnen und Lesern immer noch dieses eigenartig gemischte

---

[5] zitiert aus: Flaig, Walther: Lawinen. Wiesbaden 1955.

Gefühl von Angst, Neugier, Grauen und Sensationslust. Der zumeist aussichtslose Wettlauf gegen die Zeit, die fieberhafte Suche der Rettungsmannschaften, die Treue der Hunde – Lawinenunglücke bieten Stoff für Klischees und für Spekulationen: „Was im Todeshang passiert ist, wann die Lawine tatsächlich ausgelöst wurde, wird man nie erfahren. Sicher ist nur, dass die jungen Leute die Lawine kommen sehen. Trotzdem haben sie keine Chance..." So erzählt die „Schweizer Illustrierte" unter dem Titel „Chronologie eines angekündigten Todes" vom Lawinenunglück im Haslital, das 1990 sieben jungen Menschen das Leben kostete.

Besonders medienwirksam sind Lawinenunglücke, wenn sie Prominente betreffen. „Russis Ex-Frau – für 45 Dollar in den Tod", titelte der „Blick" im Dezember 1996 und beschreibt ihre „Abfahrt in den Tod". Daß Bundesrat Ogi nur „mit Glück am Tod vorbei" kam, als er die markierte Piste verließ, stand 1994 in der „Schweizer Woche". Und die meisten Medien berichteten von Prinz Charles, der 1988 mit einer kleinen Gruppe im Parsenngebiet bei Davos ein Schneebrett ausgelöst hatte, in welchem ein Begleiter starb und eine Begleiterin schwer verletzt wurde.

Die Medienpräsenz und das Interesse der Öffentlichkeit widerspiegeln die archaische Urangst der Bevölkerung im Voralpen- und Alpengebiet, von Schneemassen lebendig begraben zu werden und darin ersticken zu müssen. Wohl auch deshalb wird die Schnee- und Lawinenforschung von einer breiten Öffentlichkeit anerkannt und unterstützt.

Bedeutende Lawinenereignisse in den Schweizer Alpen

Datum	Betroffenes Gebiet	Opfer, Schäden
Jan. 1459	Trun, Disentis (Surselva/GR)	25 Tote, St. Placidus-Kirche (erbaut 804), ca. 8 Häuser und 8 Ställe zerstört
1518	Leukerbad (VS)	61 Tote, viele Gebäude und Bäder zerstört
Feb. 1598	Graubünden (v. a. Engadin)	ca. 50 Tote, Gebäude- und Viehschäden
	Livigno, Campodolcino (angrenzendes Italien)	ca. 68 Tote
Jan. 1667	Anzonico (TI)	88 Tote, Dorf grösstenteils zerstört
	Fusio-Mogno (TI)	33 Tote (Ereignis unsicher)
Jan. 1687	Meiental, Gurtnellen (UR)	23 Tote, 9 Häuser und 22 Ställe zerstört, 110 Stk. Vieh getötet
	Glarnerland	viele Lawinen
Feb. 1689	St. Antönien, Saas im Prättigau, Davos (GR)	80 Tote, 37 Häuser und viele andere Gebäude zerstört, Wald- und Viehschäden
	Vorarlberg, Tirol (Österreich)	149 Tote, ca. 1000 Häuser und viele andere Gebäude, über 750 Stk. Vieh, viel Wald
Feb. 1695	Bosco-Gurin (TI)	34 Tote, 11 Häuser und viele Ställe zerstört
	Villa/Bedretto (TI)	1 Toter (Pfarrer), Kirche und mehrere Häuser zerstört (Datum unsicher)
Jan. 1719	Leukerbad (VS)	55 Tote, Kapelle, Bäder über 50 Häuser und viele andere Gebäude zerstört
Feb. 1720	Ftan, St. Antönien, Davos (GR)	ca. 40 Tote, viele Gebäude und Wald zerstört
	Ennenda, Engi (GL)	7 Tote, 4 Gebäude zerstört, Vieh getötet
	Obergesteln (Goms/VS)	viele Tote (nach versch. Quellen 48, 84 oder 88), rund 120 Gebäude zerstört und 400 Stk. Vieh getötet
	Brig, Randa, Gr. St. Bernhard (VS)	ca. 75 Tote (Ereignisse und Daten unsicher)
März 1741	Saastal (VS)	18 Tote, ca. 25 Gebäude zerstört
Feb. 1749	Rueras, Zarcuns, Disentis (Surselva/GR)	75 Tote, ca. 120 Gebäude zerstört und rund 300 Stk. Vieh getötet
	Bosco-Gurin, Ossasco/Bedretto (TI)	54 Tote, grosser Sachschaden
	Goms, Vispertäler (VS), Grindelwald (BE)	viele Lawinen
Dez. 1808	Obermad/Gadmental (BE)	ganzes Dörflein verwüstet: 23 Tote, grosse Gebäude- und Viehschäden; total 19 Tote durch weitere Lawinen im Berner Oberland
	Zentralschweiz (v. a. Uri)	rund 20 Tote und grosse Schäden (Ereignisse z. T. unsicher)
	Selva (Surselva/GR)	unterer Dorfteil total zerstört: 26 Tote, 11 Gebäude zerstört, über 200 Stk. Vieh getötet; total 7 Tote, 50 Gebäude zerstört und rund 130 Stk. Vieh getötet durch weitere Lawinen in Nord- und Mittelbünden
März 1817	Anderegg/Gadmental (BE)	ganzes Dörflein zerstört: ca. 15 Tote (Datum, Opfer- und Schadenbilanz unsicher)
	Elm (GL), Saastal (VS), Tessin und Engadin (GR)	viele Lawinen mit Verschütteten, Sach- und Viehschäden
1827	Biel, Selkingen (Goms/VS)	ca. 51 Tote, 46 Häuser zerstört
Jan. 1844	Göschenertal (UR), Guttannen, Grindelwald und Saxeten (BE)	13 Tote, Gebäude- und Viehschäden

3

Datum	Betroffenes Gebiet	Opfer, Schäden
April 1849	Saas Grund (VS)	19 Tote, 6 Häuser und ca. 30 andere Gebäude zerstört resp. beschädigt; auch im übrigen Saastal grosse Gebäudeschäden
März 1851	Ghirone-Cozzera (TI) Nordtessin	23 Tote, 9 Gebäude zerstört, 300 Stk. Vieh getötet; Schäden auch im übrigen
Jan 1863	Bedretto (TI)	29 Tote, 5 Häuser und 12 Ställe zerstört; Schäden auch im übrigen Tessin, im Misox und Bergell (GR)
Feb. - März 1888	3 Lawinenperioden; Schwerpunkte: – Nord- und Mittelbünden – Tessin, Goms – Tessin, Hinterrhein	Winter 1887/88: 1094 registrierte Schadenlawinen forderten 49 Todesopfer, zerstörten 850 Gebäude, töteten 700 Stk. Vieh und schlugen 1325 ha Wald
Dez. 1923	Alpennordseite, Gotthardgebiet, Wallis, Nord- und Mittelbünden	grosse Lawinenschäden in weiten Teilen der Schweizer Alpen
Jan. - Feb. 1951	2 Lawinenperioden; Schwerpunkte: – Graubünden ohne Südtäler, Uri, Oberwallis, Berner Oberland – Alpensüdseite (Tessin, Simplon)	Winter 1950/51: 1421 registrierte Schadenlawinen forderten 98 Todesopfer, zerstörten 1527 Gebäude, töteten 800 Stk. Vieh und schlugen 2000 ha Wald
Jan. 1954	Alpennordseite, Nordbünden Vorarlberg (Österreich)	258 registrierte Schadenlawinen forderten 20 Todesopfer, zerstörten 608 Gebäude, öteten ca. 230 Stk. Vieh und schlugen 83 ha Wald 125 Tote, 55 Wohnhäuser beschädigt/zerstört
Jan. 1968	Alpennordseite und Graubünden (ohne Südtäler), v. a. Region Davos	211 registrierte Schadenlawinen forderten 24 Todesopfer, zerstörten 296 Gebäude, töteten ca. 23 Stk. Vieh und schlugen 46 ha Wald
April 1975	Alpensüdseite, stark nach Norden übergreifend	510 registrierte Schadenlawinen forderten 14 Todesopfer, zerstörten 405 Gebäude, töteten ca. 170 Stk. Vieh und schlugen 600 ha Wald
Feb. 1984	nördlich des Alpenhauptkamms, v. a. Gotthardgebiet, Samnaun	322 registrierte Schadenlawinen forderten 12 Todesopfer, zerstörten 424 Gebäude, töteten ca. 30 Stk. Vieh und schlugen 414 ha Wald

Schnee – der Stoff, aus dem Lawinen sind

Endlich: Über Nacht hat sich die Welt verändert. Häuser und Bäume, Wege, Straßen und Gärten sind von der weißen Pracht überzogen. Kinder und Erwachsene freuen sich jeden Winter auf diese Zeit. Während ältere Leute lieber von der warmen Stube aus den wirbelnden Schneeflocken zuschauen und Berufstätige sich Sorgen über Straßenzustand und Zugverspätungen machen, können es die Kinder kaum erwarten, sich in den Schnee hinauszustürzen. Sie bauen einen Schneemann oder eine Schneehütte und liefern sich Schneeballschlachten. Sie wälzen sich im Schnee, hinterlassen darin ihre Spuren und Abdrücke und holen Skis und Schlitten hervor. Sie fangen die Schneeflocken auf ihren Jackenärmeln auf und beobachten, wie sie sich auflösen und verschwinden, vielleicht ein kleines Wassertröpfchen hinterlassend.

Die Inuit, wie sich die Eskimos selbst nennen, deren Alltag vom Schnee geprägt ist, haben für dieses Phänomen rund 200 Ausdrücke. Für jede Art von Schnee – zum Beispiel für Schnee, der auf den Bäumen liegt, für kompakten, hartgepreßten Schnee oder für Schnee, in den man ohne Schneeschuhe einsinkt – wird ein anderer Begriff verwendet. Denn flockiger, fallender Schnee ist von festgetretenem, altem Schnee wahrnehmungs- und verhaltensmäßig dermaßen verschieden, daß auch andere Substantive dafür verwendet werden müßten. Unserer Sprache, die etwa Pulver-, Naß- und Sulzschnee, vielleicht noch Bruchharst oder Firnschnee unterscheidet, gelingt es nicht, den Schnee in all seinen Facetten zu beschreiben.

Denn Schnee verändert sich auf die unterschiedlichste Weise dauernd. Jede Schneeflocke, jede Schneeschicht, jede Schneedecke ist in ihrem Aufbau und ihren Eigenschaften verschieden. Das Wort „Schnee" in unserem Sprachschatz wird dieser vielfältigen Materie kaum gerecht.

Schneesterne, Schneeflocken und Eiskristalle

Die Gebrüder Grimm vergleichen im Märchen von der Frau Holle den Schnee mit Federn, die die fleißige Jungfrau aus dem Deckbett der Frau Holle schüttelt, und im „Zauberberg" von Thomas Mann werden aus dem Schnee „Kleinodien, Ordenssterne, Brillantagraffen, wie der getreuste Juwelier sie nicht reicher und minuziöser hätte herstellen können".

Für die Wissenschaft schließlich besteht der Stoff, aus dem Frau Holles Bettfedern und Thomas Manns Kleinodien sind, kurz und nüchtern aus dem Molekül H_2O, nämlich aus zwei Wasserstoffatomen (H_2) und einem Sauerstoffatom (O). Diese Moleküle bilden je nach Temperatur die drei

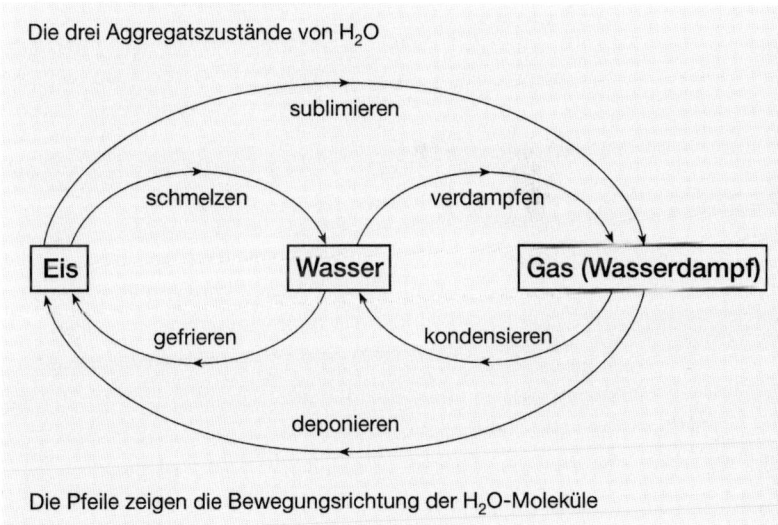

Die drei Aggregatszustände von H_2O: fest, flüßig und gasförmig. Bild: SLF.

Wenn Nebeltröpfchen an Bäumen und Büschen festfrieren, entsteht Rauhreif. Bild: M. Buser.

Zustände gasförmig (Wasserdampf), flüssig (Wasser) und fest (Eis). In allen drei Zuständen ist H_2O durchsichtig. Was wir im täglichen Leben als Wasserdampf (z.B. Dampf, der von kochendem Wasser aufsteigt), aber auch als Nebel bezeichnen, besteht bereits aus kleinsten Wassertröpfchen.

Von jedem der drei Zustände sind Übergänge in einen andern möglich. Schmelzen und Gefrieren sind wohl die bekanntesten, dabei wird Eis zu Wasser und umgekehrt. Beim Übergang von Wasserdampf zu Eis (Deposition) entsteht Reif, wobei sich Schneekristalle an unterkühlten Festkörpern oder am Boden bilden. Der wunderschön glitzernde Rauhreif an Bäumen und Büschen hingegen entsteht durch angelagerte Nebeltröpfchen, wenn diese an Zweigen und Ästen gefrieren und dabei immer dem Wind entgegen wachsen. Die Temperatur dieser Wassertröpfchen kann durchaus weit unter null Grad sein: Wenn nämlich den H_2O-Molekülen ein Keim fehlt, an dem sie sich festsetzen können, um zu festem Eis zu gefrieren. Das Wasser bleibt dann unterkühlt.

Rauhreif an einem Meßmast: Wassertröpfchen werden an dem Meßmast angelagert, und es entsteht ein Rauhreif-Ansatz, der gegen den Wind wächst. Bild: SLF.

Ein Eiskristall entsteht

Die Luft um uns herum kann eine ganz bestimmte Menge von Wasserdampf aufnehmen – je wärmer sie ist, desto mehr. Hat sie einmal die maximale Menge Wasserdampf aufgenommen, spricht man von gesättigter Luft. Die Luftfeuchtigkeit beträgt dann 100 Prozent, die dabei herr-

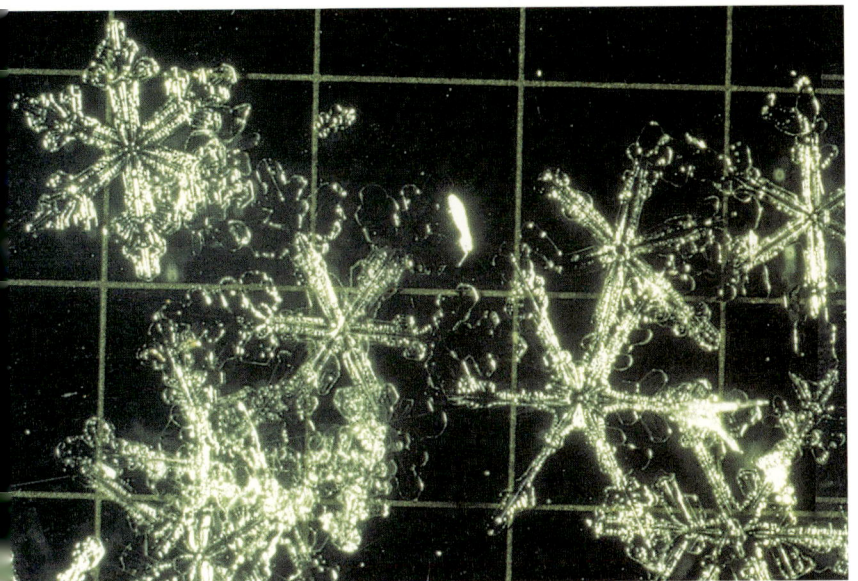

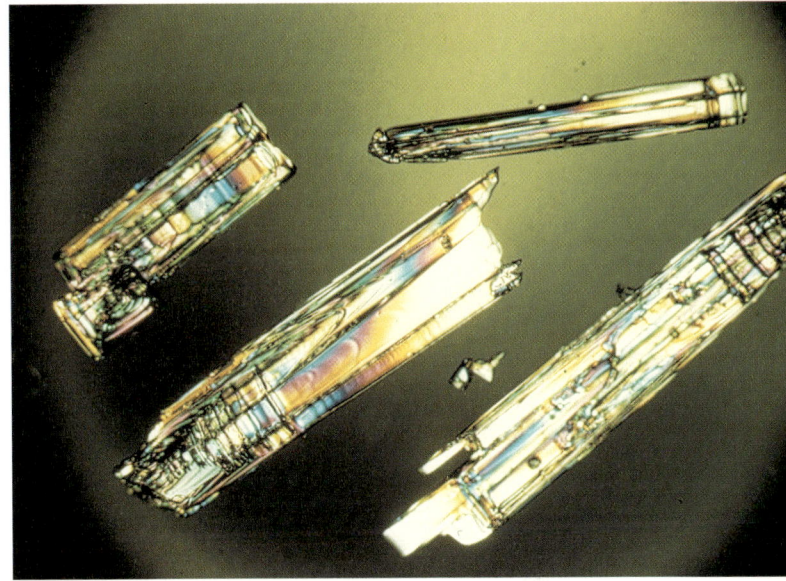

Eiskristalle wachsen als Sterne, Plättchen, Prismen, Säulen oder Stäbchen heran, sie haben aber immer eine sechseckige Grundform. Bilder: SLF.

schende Temperatur bezeichnet man als Taupunkttemperatur. Wird diese Luft abgekühlt, bilden sich Wassertröpfchen, Nebel. Ist nun die Temperatur so tief, daß sich kein Wasser mehr bilden kann, entsteht aus dem Wasserdampf direkt Eis. Diesen Vorgang nennt die Fachsprache Deposition. Beim umgekehrten Vorgang (Sublimation) lösen sich Wassermoleküle aus einer Eisoberfläche und gehen direkt in den gasförmigen Zustand über.

Eiskristalle wachsen als Sterne, Prismen, Stäbchen, Plättchen oder Säulen immer aus einer sechseckigen Grundform heraus. Diese hexagonale Symmetrie ergibt sich aus der Anordnung der Moleküle, die entsteht, sobald sich die Wassermoleküle zu einem festen Körper zusammenfinden und Eis bilden.

Doch ständig verändern sich die Eiskristalle, vom Augenblick ihrer Bildung in der Atmosphäre bis zum Schmel-

Erste Schneekristallforscher

Die ersten Darstellungen von Schneekristallen zeichnete im Jahr 1555 der schwedische Erzbischof von Uppsala, Claus Magnus. Auf diesen Bildern ließ er blumen- und mondförmige, dreieckige und weitere phantasievolle Gebilde entstehen, unter ihnen aber auch den korrekten sechsstrahligen Schneestern.

Der deutsche Astronom und Mathematiker Johannes Kepler stellte zu Beginn des 17. Jahrhunderts die hexagonale Form des Schnees fest und versuchte unter Zuhilfenahme der bekannten sechseckigen Formen (Bienenwaben, Granatapfelkerne) eine Erklärung dafür zu finden. Für ihn gehörten die Schneekristalle wie andere Kristalle und Mineralien zu den „unbeseelten Naturobjekten", die auf Grund materieller Notwendigkeit nach dieser hexagonalen Form streben (geometrische Raumerfüllung).

Ebenfalls im 17. Jahrhundert befaßten sich der französische Philosoph René Descartes und der englische Materialforscher Robert Hooke mit den Schneekristallen. Hooke sah in seinem Mikroskop zum ersten Mal, daß sich an den Strahlen der Schneesterne weitere kleine Ästchen, die immer in einem Winkel von 60 Grad zu ihrem Hauptast stehen, bilden.

Der Amerikaner Wilson Bentley schließlich kam ein Leben lang von der Faszination für die Schneesterne nicht los. Er begann sie unter seinem Mikroskop zu fotografieren und hinterließ bei seinem Tod eine Beschreibung mit rund 6000 Kristallformen des Schnees. Drei Wochen vor seinem Tod im Jahr 1931 wurde sein Buch „Snow Crystals" publiziert.

zen oder Sublimieren. Auch beim Fallen verändern sie sich: Sie wachsen auf Kosten des sie umgebenden Wasserdampfes. Bei diesem Depositionsprozeß entsteht Kristallisationswärme. Bevor aber ein Eiskristall weiterwachsen kann, muß diese Wärme wieder abgegeben werden. Bei kalter Witterung, wenn also wenig Wasserdampf in der Luft ist und sich deshalb nur wenig Wasserdampf am Eiskristall anlagern kann, bleibt dazu genug Zeit. Der Eiskristall wächst rundum regelmäßig als Plättchen oder Stäbchen heran.

In unseren Breitengraden, in denen die Temperaturen relativ hoch bleiben (auch wenn sie unter null Grad sind), setzen sich mehr H_2O-Moleküle am Eiskristall fest als in kälteren Ländern. Er wächst schneller. Aus diesem Grund kann die Kristallisationswärme nicht überall gleich gut abgeleitet werden. Es entstehen Wärmestaus, die das gleichmäßige Wachstum verhindern. Am besten kann die Wärme noch an den Ecken des Hexagons abgeführt werden, deshalb wächst dort der Eiskristall am schnellsten. Dabei bilden sich aus den sechs Ecken speerförmige Spitzen, die sich in die Länge ziehen: Der Schneekristall bekommt seine Sternform. Je höher der Wasserdampfgehalt, je näher die Temperatur also bei null Grad ist, desto feiner, zierlicher und verästelter werden die einzelnen Schneesterne.

Schneeflocken

Unter den Myriaden von Zaubersternchen sei nicht eines dem anderen gleich, schreibt Thomas Mann, und er ist vol-

ler Bewunderung für diese „endlose Erfindungslust in der Abwandlung und feinsten Ausgestaltung eines und immer desselben Musters".

Jedes einzelne dieser Sternchen legt seine eigene, individuelle Reise bis zur Ankunft auf der Erdoberfläche zurück. Temperatur und Luftfeuchtigkeit beeinflussen das Wachstum des Eiskristalls, lassen ihn mal sternförmig, dann wieder mehr zylindrisch oder flächig mit mehr oder weniger Verästelungen wachsen. Die Reise zur Erde führt jeden Eiskristall durch wechselnd feuchtere und trockenere, wärmere

Schneeflocken bestehen aus einzelnen, miteinander verhakten Schneesternen. Bild: SLF.

und kältere Luftschichten. Aufwinde können seine Reise verlängern. Es gibt unendlich viele Variationen, jeder Schneestern ist anderen Bedingungen und Prozessen unterworfen und sieht deshalb letztlich auch anders aus. Für den japanischen Kernphysiker und Kristallforscher Ukichiro Nakaya ist jedes der kleinen Wunderwerke „ein Brief, den uns der Himmel geschickt hat".

Die weiße Schneedecke, die hier die Landschaft Davos überzieht, verändert sich ständig. Bild: SLF.

Bei Temperaturen um null Grad, wenn viele dieser Schneekristalle unterwegs sind, verhaken sie sich – oft zu Dutzenden – miteinander und setzen als Schneeflocke ihre Reise gemeinsam fort. Bei den sternförmigen Schneekristallen ist dieses Verzahnen wegen der Zacken relativ gut möglich. Aber auch Plättchen, Prismen, Stäbchen, Nadeln und Säulchen verhaken sich, die einen besser, die anderen weniger gut.

Geraten die Schneeflocken auf ihrer Reise in eine feuchtere Luftschicht mit feinsten Nebelwassertröpfchen, so gefrieren diese flüssigen Tröpfchen an. Sie bilden Eiskügelchen um Eiskügelchen und fallen schließlich als Graupelkörner auf die Erde, eher einem Hagelkörnchen vergleichbar als einem Schneestern.

Von der Schneeflocke zur Schneedecke

Was bei Schneefall auf dem Boden ankommt, sind also Schneekristalle, Schneeflocken oder Graupelkörner. Sie le-

gen sich übereinander, es bildet sich die Schneedecke. Leichte Vergraupelung macht sie eher fester, da die Kristalle stabiler sind. Bei starker Vergraupelung hingegen werden die Kristalle rund und abgeschliffen und verbinden sich weniger gut. Sie verhindern sogar, daß Schneekristalle, die später auf sie zu liegen kommen, einen Halt finden. So werden sie zu einer gefährlichen Gleitschicht in der Schneedecke.

Während des Winters bildet jeder Schneefall eine neue Schicht in der Schneedecke, die sich mit dem Altschnee, so gut es eben geht, zu verbinden versucht. Dabei ist die feine weiße Schneedecke, die Wiesen, Äcker und Berge überzieht, nur scheinbar zur Ruhe gekommen: In ihrem Innern finden permanent Veränderungen statt, keinen Augenblick bleibt ihr Anfangszustand erhalten. Die Temperaturverhältnisse in der Schneedecke führen zu einer ständigen Umwandlung der Schneekristalle, die für den Aufbau der Schneedecke und ihre strukturellen und mechanischen Eigenschaften entscheidend ist. Man spricht bei diesen Vorgängen von der Metamorphose des Schnees.

Die Umwandlung der Schneekristalle

Ausschlaggebend für die permanente Umwandlung des Schnees sind Temperaturunterschiede in der Schneedecke selber: Ist sie hoch genug, bringt die Erdwärme den Schnee am Boden nahe an den Schmelzpunkt, wo er den ganzen Winter über so bleibt. An der Oberfläche hingegen kann sich die Temperatur schnell ändern. Durch intensive Sonneneinstrahlung erwärmt sich der Schnee, in kalten Winternächten wird er stark abgekühlt. Da die Schneedecke mit ihrem hohen Luftanteil (Neuschnee bis über 90 Prozent, Altschnee noch immer etwa 70 Prozent) gut isoliert, können diese Temperaturänderungen nur langsam in die Schneedecke eindringen. So kann es zu großen Tem-

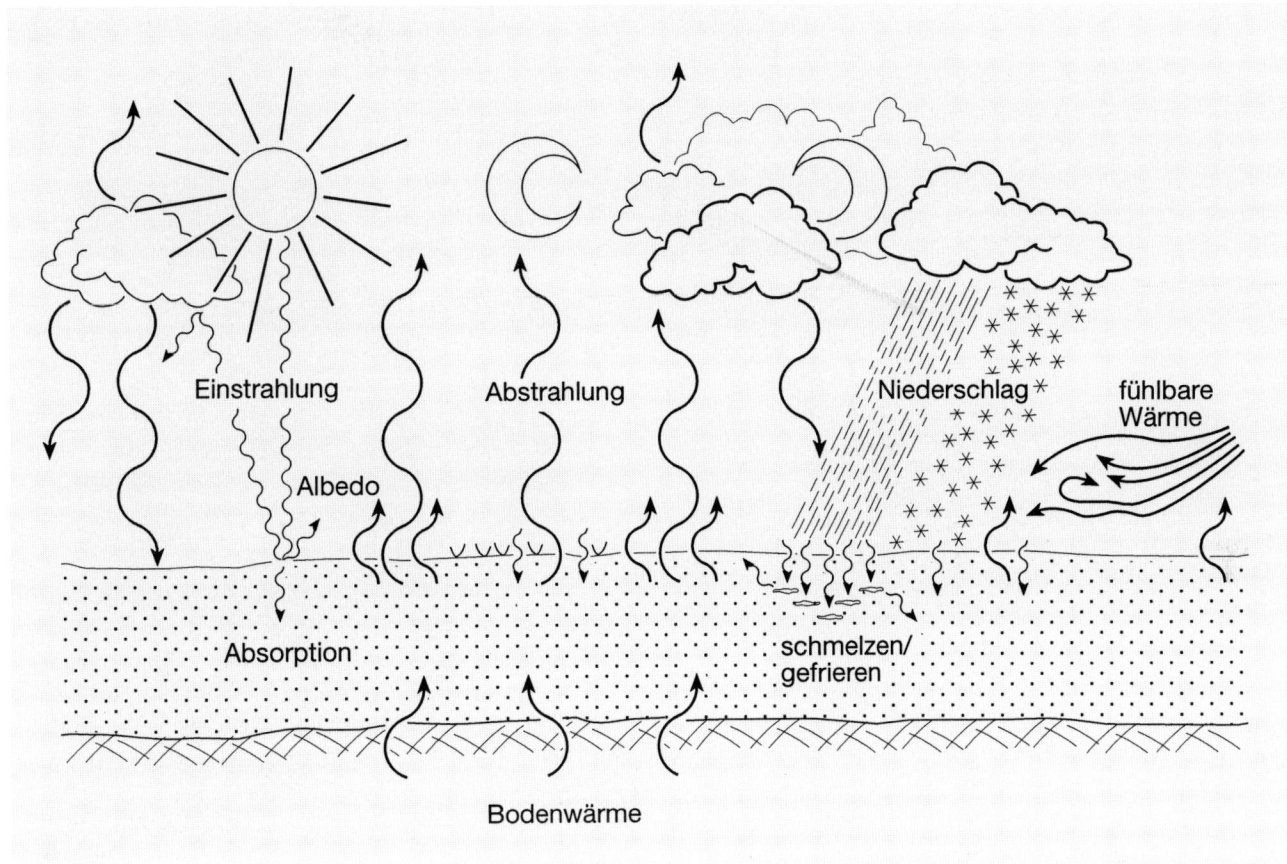

Beeinflussung der Schneedecke durchTemperatur, Strahlung und Niederschlag. Bild: SLF.

peraturdifferenzen innerhalb weniger Zentimeter (Temperaturgradient) kommen. Diese Temperaturunterschiede in der Schneedecke bewirken eine ständige Wanderung der Wassermoleküle von wärmeren zu kälteren Orten. Man spricht von abbauender und aufbauender Umwandlung (Metamorphose).

Bei der abbauenden Metamorphose wandeln sich die Neuschneekristalle zu körnigem Altschnee um. Durch Sublimation entsteht an den Spitzen der Schneesterne Wasserdampf, der im kälteren Kristallzentrum wiederum angelagert wird. Bei diesem Prozeß kommt es vorübergehend zur Bildung von Filzschnee, wobei die ursprünglichen Neuschneeformen noch teilweise erkennbar sind. Mit der Zeit verschwinden die Spitzen und Kanten der Schneekristalle ganz, und es bilden sich runde Körner. Diese Körner sind kompakt und fest und können sich gut miteinander verbinden. Die Schneedecke wird stabiler und fester. Das Abbauen der Schneesterne zu Schneekörnern und die Verbindung untereinander laufen bei wärmeren Temperaturen (nur wenig unter null Grad) schneller ab als bei großer Käl-

Metamorphose

1 Abbauende Metamorphose bei gleichbleibender Temperatur

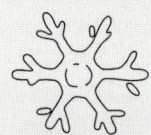

1.1 Ursprüngliche Kristallform gut erkennbar

1.2 Ursprüngliche Form schwer erkennbar

Körner werden kleiner

1.3 Ursprüngliche Form nicht mehr erkennbar, feinkörniger Altschnee

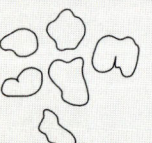

1.4 Abgerundete Körner

2 Aufbauende Metamorphose mit Temperaturgradient

2.1 Eckige Kristalle, ungeschichtet (Beginn bei Neuschnee)

2.2 Kleine Kristalle, kaum geschichtet

Körner werden grösser

2.3 Ausgeformte, fein- bis mittelgrosse Becherkristalle in gut erkennbaren Schichten

Bei Altschnee führt dieser Prozess zu grossen Becherkristallen

Bei der abbauenden Metamorphose wandeln sich die ursprünglichen Schneekristalle zu körnigem Altschnee um, bei der aufbauenden Metamorphose entstehen die zerbrechlichen Becherkristalle. Bild: SLF.

Im polarisierten Licht deutlich sichtbar: ein großer, hohler, zerbrechlicher Becherkristall. Bild: SLF.

te. Bis sich Neuschnee gesetzt, d.h. umgewandelt hat, dauert es 1 bis 3 Tage.

Bei der aufbauenden Metamorphose wandelt sich der körnige Altschnee zu Schwimmschnee um: Die Schneekristalle in den unteren, wärmeren Schichten sublimieren, der dabei entstandene Wasserdampf wird durch die in Bodennähe warme Luft in die oberen, kälteren Teile der Schneedecke gebracht. Dort kristallisiert der Wasserdampf wiederum an kälteren Schneekörnern, die so auf Kosten der unteren größer werden. Es entstehen neue, kantige Kristallformen mit ebenen Flächen, die bis zu einer Größe von einigen Millimetern heranwachsen. Dauert der Umwandlungsprozeß an, bilden sich daraus becherartige Hohlformen. Diese Becherkristalle können einen halben bis einen Zentimeter groß werden. Wegen ihrer Form können sie sich nicht miteinander verbinden und vermindern dadurch die Festigkeit der Schneedecke. Groß, hohl und zerbrechlich, bilden die Becherkristalle, auch Schwimmschnee oder Tiefenreif genannt, eine unstabile Unterlage für die darüberliegenden Schneeschichten. Die Geschwindigkeit der aufbauenden Metamorphose hängt vom Temperaturgefälle in der Schneedecke ab. Ein großes Temperaturgefälle, wie es bei tiefen Außentemperaturen und einer dünnen Schneeschicht herrscht, beschleunigt die Bildung von Becherkristallen, während milde Temperaturen und eine dicke und dadurch gut isolierende Schneeschicht sie verlangsamt. Die Luftdurchlässigkeit und damit die bessere Luftzirkulation in den Hohlräumen rund um Stauden oder Felsbrocken begünstigt ebenfalls die Entstehung von Schwimmschnee.

Solange Schnee liegt, ist einer der beiden Prozesse, die auf- oder die abbauende Umwandlung, immer in Gang. Bei Neuschnee und kleinen Temperaturgefällen herrscht die abbauende Umwandlung vor, nimmt das Temperaturgefälle zu, dominiert die aufbauende.

Schneeschichten werden zu Rutschbahnen

Der Schnee legt sich nicht als einheitliche, weiße Decke über die Landschaft. Da Lufttemperatur und Feuchtigkeit, Neuschneemenge und Windstärke bei jeder Niederschlagsperiode anders sind, überlagert deshalb auch nach

In kalten, klaren Nächten bilden sich auf der Schneedecke Reifkristalle. Werden sie tagsüber nicht von der Sonne wieder weggeschmolzen, können sie bei weiteren Schneefällen zu einer zerbrechlichen Schicht in der Schneedecke werden. Bilder: SLF (oben), M. Buser (unten).

jedem Schneefall eine neue, mit oft grundlegend anderen Eigenschaften ausgestattete Schneeschicht die bereits darunterliegenden. Die trockene Pulverschneeschicht sieht ganz anders aus als eine Schicht feuchten, schweren Schnees oder als der schon stark umgewandelte körnige Altschnee. Deshalb kann ein erfahrener Schneebeobachter schon auf Grund der Wetterdaten ein ungefähres Schneedeckenprofil erstellen, genauso wie er sich umgekehrt aus einem Schneeprofil ein Bild über das Wetter der vergangenen Wochen machen kann.

Jede neue Schneeschicht versucht sich so gut als möglich mit der darunterliegenden zu verbinden. Doch das gelingt nicht immer gleich: So kann sich Oberflächenreif zu einer heimtückischen Unterlage für spätere Schneeschichten entwickeln: In wolkenlosen, klaren Nächten, wenn die Schneeoberfläche kälter ist als die Lufttemperatur, kommt es zur Deposition von Wasserdampf auf der Schneedecke, und es bilden sich dort Reifkristalle – ähnlich, wie sich die

Verschiedene Schichten geben der Schneedecke eine unterschiedliche Stabilität. Bild: SLF.

Kuriose Verformung des Schnees über einem Zaun. Bild: SLF.

Gleiten auf der Rutschbahn: Wie ein Tuch legt sich Schicht auf Schicht. Bild: H. Blät.

Gleitender Schnee vom Hausdach. Der Schnee verformt sich bei langsamer Bewegung sehr stark. Bild: SLF.

Brillengläser beschlagen, wenn man aus der kalten Winternacht in die warme Stube tritt. Während die Sonne an Südhängen die glitzernden Reifkristalle tagsüber wieder wegschmilzt, können sich an schattigen Hängen bei lang andauernder Kälteperiode mehrere Reifschichten übereinanderlegen. Beginnt es daraufhin zu schneien, bilden die Reifkri-

stalle eine neue, überaus zerbrechliche Schicht in der Schneedecke. Da sie sich nur schlecht und langsam mit weiteren Schneeauflagen verbinden, wird das wackelige Fundament zur idealen Gleitfläche für darüberliegende Schneeschichten.

Auch die Kruste einer Schmelzharstschicht (Bruchharst) kann, einmal eingeschneit, wie eine Rutschbahn wirken. Tagsüber bilden die schmelzenden Eiskristalle auf der Schneeoberfläche einen Wasserfilm, der bei nächtlichen tieferen Temperaturen wiederum zu Eis gefriert und bei weiteren Schneefällen als gefährliche Eislamelle in die Schneedecke eingebaut wird. Ebenfalls zu tückischen Eislamellen kann in der Schneedecke abfließendes Schmelz- oder Regenwasser werden, sobald es bei entsprechenden Temperaturen wiederum gefriert.

Der Schnee – ein High-Tech-Material

Schnee ist in jeder Beziehung ein außergewöhnliches Material, das die verschiedensten Eigenschaften aufweist. Eine wichtige Größe ist seine Dichte, das ist seine Masse pro Volumeneinheit. Frisch gefallener Schnee weist einen hohen Luftanteil von über 90 Prozent auf, im nassen Sulzschnee beträgt er immer noch rund die Hälfte. Wegen des hohen Luftanteils können sich die Schneekörnchen unter Druck in die Hohlräume verschieben. Deshalb ist Schnee leicht komprimierbar, wie jedermann beim Formen eines Schneeballs oder beim Waten durch ein Schneefeld selber feststellen kann. Während der abbauenden Metamorphose, wenn sich die Schneekristalle zu kleinen, runden Schneekügelchen formen und sich dadurch besser miteinander verbinden, setzt sich der Schnee unter seinem Eigengewicht. Der Luftanteil reduziert sich, die Dichte und damit das Gewicht pro Volumeneinheit nehmen zu. Während ein Kubikmeter Neu-

schnee rund 100 Kilogramm wiegt, wiegt ein Kubikmeter Naßschnee etwa viermal mehr. Diese Verdichtung führt zu einer sichtbaren Setzung der Schneedecke und zu einer Zunahme der Festigkeit. Gleichzeitig hat der Schnee aber auch die Eigenschaften einer zähflüssigen (viskosen) Masse, der Setzungsvorgang wird dadurch beschleunigt. Dies alles geschieht bei wärmeren Temperaturen schneller als bei tiefen, bei denen die Schneekristalle länger in ihrer ursprünglichen Form erhalten bleiben. Dabei geht die Setzung der Schneedecke lotrecht, im flachen Gelände somit im rechten Winkel zum Boden, vor sich.

Am Hang und auf jeder schrägen Ebene finden in der Schneedecke die gleichen Vorgänge statt: Durch die lot-

Das Spiel der Kräfte in der Schneedecke

Die verschiedenen Verformungen in der Schneedecke beeinflussen ihre Druck-, Zug- und Scherfestigkeit. Zunehmende Kriech- und Gleitgeschwindigkeiten weisen auf vermehrte Zugkräfte hin: Der sich nach unten bewegende Schnee „zieht" am oberen und erzeugt so in der Schneedecke eine Zugspannung. Nimmt die Hangneigung ab und bewegt sich die Schneedecke nur wenig, kommen die Druckkräfte zum Zug: Der Schnee im flacheren Gelände muß den Schnee aus dem oberen Teil „tragen" und „stützen". Es entsteht eine Druckspannung. Die Scherspannung schließlich ergibt sich aus den gegeneinander wirkenden Kräften zwischen zwei Schichten: Einerseits versucht die Schneedecke sich mit der Unterlage zu verbinden, andererseits ist sie den hangabwärts gerichte-

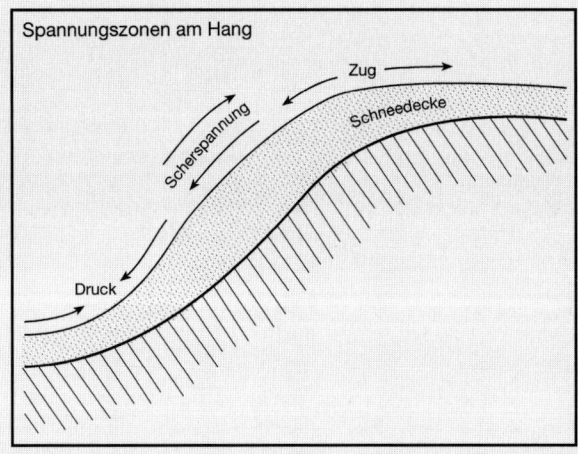

ten Kräften unterworfen. Die Druckfestigkeitswerte einer Schneedecke sind deutlich größer als die Werte der Zugfestigkeit und die der Scherfestigkeit.

Auf einer glatten Unterlage (Felsen, langhalmiges Gras) wird die Schneedecke gefaltet. Bild: SLF.

„Fischmäuler" (wegen ihrer Form so genannt) sind apere (schneefreie) Stellen, die zwischen dem abgleitenden und dem haftenden Schnee entstehen. Bild: SLF.

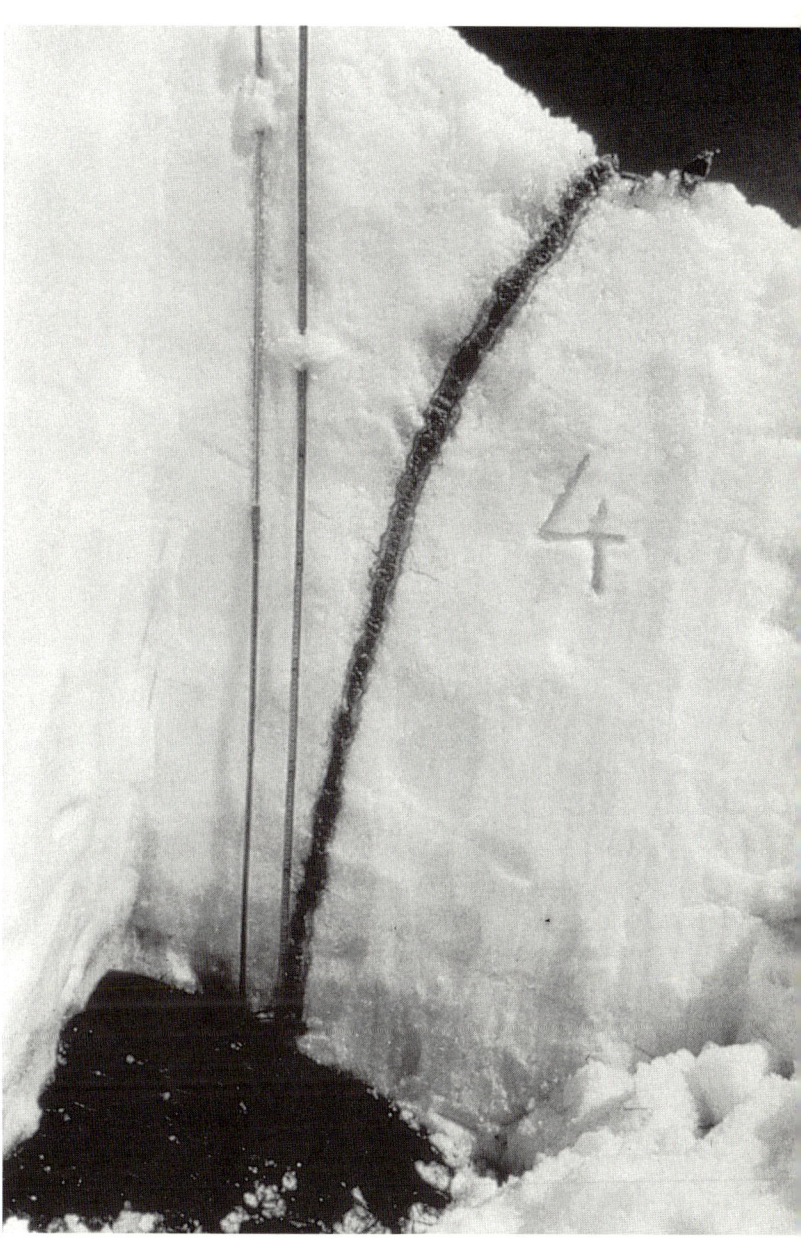

Der Schnee kriecht an der Oberfläche stärker als in Bodennähe. Die eingelegte Sandsäule beweist es. Bild: SLF.

Das gefärbte Wasser sickert durch die Schneedecke und sammelt sich an undurchlässigen Schneeschichten oder am Boden. Bild: SLF.

rechte Setzung der Schneedecke und ihre gleichzeitige Fließbewegung hangabwärts entsteht das Kriechen des Schnees. Auf einer glatten Unterlage, einer Felsplatte, auf langhalmigem Gras oder wenn eine nasse Grenzschicht die Verbindung zwischen Schnee und Boden verhindert, gleitet der Schnee. Die Schneedecke wird dabei gefaltet, oder es bilden sich sogenannte „Fischmäuler" zwischen dem abgleitenden und dem zurückbleibenden Schnee.

Wie schnell der Schnee kriecht oder gleitet, hängt von der Steilheit des Hanges und von der Beschaffenheit des Schnees ab. Je höher die Schneetemperatur ist, desto größer ist seine Viskosität und um so mehr verhält er sich wie

eine Flüssigkeit. Die Schneedecke kann sich einige Millimeter, aber auch einige Meter weit pro Tag fortbewegen.

Da die Schichten in der Nähe der Oberfläche stärker kriechen als in Bodennähe, erzeugt das ungeheure Spannungen in der Schneedecke. Dort, wo diese Spannungen am größten sind und die Grenzen der möglichen Belastung erreichen, kommt es zum Bruch. Doch eine Faustregel, wann dies geschieht, gibt es nicht: Von Hang zu Hang, von Schneedecke zu Schneedecke variieren die Verhältnisse, die ihre Stabilität und Festigkeit bestimmen.

Temperatur und Wassertransport in der Schneedecke

Bei Temperaturen der Schneedecke um null Grad, bei Sonneneinstrahlung oder Regen, entsteht auf der Oberfläche der Eiskristalle ein Wasserfilm. Dieses Schmelzwasser füllt die kleinen Poren und Hohlräume in der Schneedecke auf, benetzt die Eiskristalle und rundet sie ab. Die Festigkeit des Schnees sinkt, da statt festen Bindungen oder Verzahnungen nur noch eine dünne Wasserschicht zwischen den Schneekörnern vorhanden ist. Sobald das Schmelzwasser die kleinen Hohlräume aufgefüllt hat, fließt es durch die größeren Kanäle ab und sammelt sich an undurchlässigen Schneeschichten oder am Boden. Trifft das Wasser auf seinem Weg durch die Schneedecke auf eine tieferliegende noch kalte Schneeschicht, so friert es an und bildet eine Eislamelle. Bei einer Wärmeperiode und insbesondere gegen den Frühling wird schließlich die ganze Schneedecke durchfeuchtet. Dabei können Naßschneelawinen abrutschen; die Schneedecke kann aber auch langsam vor sich hinschmelzen und den Schneeglöckchen Platz machen.

Sinken die Temperaturen, wird das Schmelzwasser wieder an die Schneekörner angefroren. Es entstehen größere Schneekörner, da sich an ihrer ebenfalls größer werdenden Oberfläche immer mehr Wasser ablagern kann, während kleinere mit der Zeit ganz verschwinden. Schneeablagerungen, die den ganzen Sommer über nicht wegschmelzen, sondern immer nur auftauen und wieder zufrieren, werden zu Firn. Die größeren Berührungsflächen dieser Schneekörner erlauben starke Eisverbindungen. Der Schnee verfestigt sich zusehends und wird, zieht sich der Prozeß über Jahrzehnte hin, schließlich zu Gletschereis.

Lawinen – einfach kompliziert

Lawinen sind Ausdruck einer natürlichen Urkraft, ein Naturereignis, das der Mensch nie völlig beherrschen wird und das eine unglaubliche Faszination auf ihn ausübt. Sie kann nicht durch die tatsächlich existierende Gefahr erklärt werden, denn die Zahl der Lawinentoten ist im Verhältnis zu den Verkehrstoten verschwindend klein. Es ist vielmehr die unkontrollierbare und geheimnisvolle Kraft der Lawinen, die der Mensch fürchtet und die ihn gleichzeitig anzieht.

Es verwundert deshalb nicht, daß Lawinen in der Vorstellung der Menschen in früheren Jahrhunderten tatsächlich als Tier angesehen wurden. Verbreitet war etwa der Satz: „Was fliegt ohne Flügel, schlägt ohne Hand und sieht ohne Augen – das Lauitier!"

Schuld an Lawinen gab man auch Hexen und bösen Geistern. Mit verschiedenen Mittelchen versuchte man diese zu besänftigen, zum Beispiel indem man mit einem Kreuz versehene Eier in den Schnee legte. Noch erklärten auch keine wissenschaftlichen Erkenntnisse den Unterschied zwischen Staublawinen, die mit einer Geschwindigkeit von bis zu 350 Kilometern in der Stunde zu Tale donnern, Grundlawinen, die Bäume, Häuser, und Felsbrocken mit sich schieben, und Eislawinen, die ganze Dörfer unter sich begraben können.

Von Staub- und Grundlawinen

Drei Tage lang tobte der Schneesturm von der Innerschweiz bis zum Arlberg, und das Zentrum lag über Davos: In weniger als 48 Stunden war dort über ein Meter Schnee gefallen. Mit einer Geschwindigkeit von bis zu 140 Stundenkilometern tobte der Wind aus Nordnordwest um das Weissfluhjoch. Und so nahm in der Nacht vom 26. auf den 27. Januar 1968 eine für Davos verhängnisvolle Lawinenkatastrophe ihren Lauf...

Othmar Buser arbeitete am Nachmittag des 26. Januar in seinem Büro im Eidgenössischen Institut für Schnee- und Lawinenforschung (SLF) auf dem Weissfluhjoch, als ihn und seine Kollegen um 15 Uhr die Weisung erreichte: „Nehmt eure Skis, fahrt sofort nach Hause." Der Schneesturm mit den ausgiebigen Schneefällen der letzten Tage gab Anlaß zu großer Besorgnis; abgehende Lawinen an den umliegenden Hängen wurden erwartet. Auch im Tal unten waren bereits Straßen gesperrt und Menschen aus besonders gefährdeten Häusern evakuiert worden. Doch noch immer schneite es ununterbrochen, der Wind heulte, der Sturm war gewaltig.

Othmar Buser, der etwas außerhalb des Dorfes wohnte, nutzte die trotz des Sturmes noch funktionierenden Telefonverbindungen und fragte zu Hause an, was er außer der Post sonst noch heimbringen solle. Mit voll bepacktem Rucksack machte er sich schließlich auf den Heimweg. Weil im Salezertobel eine Lawine erwartet wurde und noch keine Lawinengalerie entlang des Davosersees existierte, hatte man in der Zwischenzeit auch die Hauptstraße geschlossen. Othmar Buser fuhr deshalb mit der Rhätischen Bahn nach Wolfgang, um von dort aus auf einer lawinensicheren Straße den Heimweg unter die Skier zu nehmen. Kaum war er aus dem schützenden Eisenbahnwagen ausgestiegen, traf ihn der Sturm mit voller Wucht und trieb ihn vorwärts. Unterdessen war es dunkel geworden. Othmar Buser erzählt:

„Der Rucksack drückte schwer. Um nicht ins Schwitzen zu geraten, öffnete ich vorne die Jacke. Ich spürte die ganze Kraft des Sturms im Rücken und hörte den Wind heulen. Als ich um die Ecke in unser Zufahrtssträßchen bog – es galt als lawinensicher, denn die ältesten Häuser in unserem Quartier sind 300 Jahre alt –, blies der Wind plötzlich mit ungeheurer Kraft von vorn und schlug mir Schnee- und Eispartikel ins Gesicht. Muß der Wind ausgerechnet jetzt drehen, kann er nicht noch zehn Minuten warten, dachte ich, knöpfte die Jacke zu und zog Mütze und Schal ins Gesicht, um mich vor dem Schneetreiben zu schützen. Doch kaum hatte ich mich vermummt, als sich der Wind urplötzlich wieder drehte und mich mit voller Wucht erneut von hinten traf.''

Im Tiefschnee stapfte Othmar Buser zum ersten Haus in seinem Wohnquartier und brachte die Post. Die Skier hatte er inzwischen ausgezogen, sie behinderten ihn nur auf seinem Weg nach Hause. Im Nachbarhaus holte er trotzdem wie immer die Milch ab. Doch an diesem Abend war der Heimweg besonders mühsam. Vor jedem Schritt mußte er die Milchkanne so weit wie möglich vor sich auf die ihm bis über den Bauch reichende Schneedecke stellen, sich durch den Schnee kämpfen, bevor er die Kanne wieder aufnehmen, erneut möglichst weit vor sich hinstellen und die nächsten zwei Schritte stapfen konnte. Auf dem Schnee sah er rundum Tannenzweige, Äste und Flechten liegen. Doch er dachte sich nichts dabei, zu sehr war er mit sich selber und den Widerwärtigkeiten des Sturms beschäftigt. In der Finsternis konzentrierte er sich auf das automatische Licht über der Haustür seines Hauses, das von Zeit zu Zeit aufblinkte und wieder erlosch. Für eine Strecke, die er normalerweise in zwei Minuten zurücklegte, benötigte er eine geschlagene Viertelstunde.

Erst am nächsten Morgen realisierte Buser, daß er den Abgang der Salezerlawine miterlebt haben mußte. In der kurzen Zeit auf dem Heimweg, als ihm der Wind plötzlich von vorne scharfe Eisnadeln ins Gesicht getrieben hatte,

mußte die Lawine gekommen sein. Sie war im Wüten des Sturms niedergegangen, mit einem Lawinenwind, der ebenso stark war wie der Sturmwind selber. Nur zweihundert Meter war Buser von ihrer Mittellinie entfernt gewesen, und die Zweige und Flechten auf der Schneedecke waren als Zeugen ihres Niedergangs zurückgeblieben. Die Lawine

Nichts ist sicher vor der Zerstörungskraft von Lawinen. Fahrende Züge (linke Seite) und stabile Gebäude fallen ihnen zum Opfer.

hatte sich am Dorfberg auf etwa 2500 Meter Höhe gelöst, war mit ungeheurer Kraft das Salezertobel hinabgestürzt und hatte sich schließlich in den Davosersee ergossen.

Vierzig Lawinen in einer einzigen Nacht
Doch die Salezerlawine war damals nur eine der ersten von rund 40 Lawinen, die sich in den kommenden 15 Stunden an den Berghängen rund um Davos lösen sollten! Eine solche zeitliche und örtliche Konzentration von Lawinenniedergängen war selbst für das Alpenland Schweiz eine extreme Ausnahmesituation. Die Nacht vom 26. auf den 27. Januar 1968 wurde denn auch für Davos zu einer unvergeßlichen Nacht des Schreckens: Eine Katastrophenmeldung jagte die andere, meist verbunden mit der dringenden Bitte um sofortige Hilfe. Den Rettungskolonnen und der Feuerwehr boten sich Bilder des Leids und der Zerstörung: „Hilferufe, spärlich bekleidete und ziellos umherirrende Menschen, Trümmer und nochmals Trümmer, quälende Ungewißheit über die vermißten Personen und die betroffen Gebäude – und dies alles bei Nacht und anhaltendem Schneesturm", so heißt es im Winterbericht 1967/68 des Eidgenössischen Instituts für Schnee- und Lawinenforschung. Dementsprechend schrecklich war schließlich auch die Bilanz dieser Katastrophennacht: 25 Personen wurden verschüttet, 13 konnten nur noch tot geborgen werden. Über 80 Gebäude, darunter 51 Wohnhäuser und 14 Ställe, wurden ganz oder teilweise zerstört. Es entstanden riesige Wald-, Kultur- und Flurschäden. Durch die Verschüttung von Bahndamm und Straßen war Davos drei Tage lang praktisch von der Außenwelt abgeschnitten. Weitere Schäden entstanden an Skiliftmasten und -stationen sowie an elektrischen Leitungen. Die stählerne Brücke der Parsennbahn wurde von der Dorfbachlawine zerstört und beinahe 300 Meter weit mitgerissen.

Vierzig Lawinen in einer Nacht und auf relativ engem Raum, da stellt sich die Frage, ob alle Lawinen nach Art und Typus gleich sind oder ob es verschiedene Formen gibt. Kann die Wissenschaft unterschiedliche Lawinentypen klassifizieren? Schon seit langer Zeit und auch heute noch unterscheidet der Volksmund zwar grundsätzlich zwischen Staub- und Grundlawinen, ohne aber eine genauere Differenzierung vorzunehmen. Sie drängt sich zwar auf, ist jedoch sehr kompliziert, wobei letzte Einigkeit auch unter den Fachleuten noch nicht erzielt worden ist. Für den früheren Direktor des SLF, Marcel de Quervain, sind „Lawinen nicht nur Objekte, sondern auch Ereignisse, die von einer Vielfalt von Faktoren beeinflußt werden". Deshalb gibt es die verschiedensten Kriterien zur Klassifikation von Lawinen. Mischformen sind dabei die Regel: Lawinen unterscheiden sich im Hinblick auf die Form ihrer Bewegung (Staub- oder

Kleine Lawinenkunde: ein typischer Hang

An Hängen mit einer Neigung zwischen 30° und 50° befindet sich üblicherweise das Anrißgebiet einer Lawine, die Stelle also, wo die Lawine ihren Ausgangspunkt hat. An flacheren Hängen kann sich keine Lawine entwickeln, da die Neigung fehlt, an steileren können sich kaum größere Schneeablagerungen bilden, weil der Schnee vorher abgleitet. Ein typischer Lawinenzug – so nennt man die Verlaufsbahn einer Lawine – besteht aus verschiedenen Abschnitten, wie auf der Abbildung auf Seite 63 zu sehen ist: A: das Anrißgebiet; B: die Sturzbahn; C: das Auslaufgebiet. Die Anrißhöhe ist unterschiedlich: Eine Schneetafel kann sich lösen und auf einer darunterliegenden Schneeschicht abgleiten (Schneebrett), es kann aber auch die ganze Schneedecke bis auf den Boden in Bewegung geraten und über die Grasnarbe hinabrutschen. Die Anrißhöhen können bis über zwei Meter hoch sein. Lawinen, die sich daraus bilden, können ein Volumen von Hunderttausenden von Kubikmetern aufweisen.

Auf ihrer flächigen oder runsenförmigen Sturzbahn gehen die Lawinen je nach Typ mit einer Geschwindigkeit von wenigen 10 bis über 300 Stundenkilometern nieder; einen enormen Druck von mehr als 100 Tonnen pro Quadratmeter (1000 kPa) auslösend. Geschwindigkeit und Druck zerstören alles, was sich ihnen in den Weg stellt. Eine steile, über Felsen führende Sturzbahn begünstigt die Entwicklung einer Staublawine; wie auf einem Luftkissen stiebt die Lawine dabei den Berg hinunter.

Oft kann eine Lawine am Gegenhang noch einmal hochsteigen und einen riesigen Lawinenkegel hinterlassen. Bild: SLF.

Über zwei Meter hoch können die Anrißhöhen mächtiger Schneebrettlawinen sein. Bild: SLF.

Die verschiedenen Abschnitte eines Lawinenzuges. A: Anrißgebiet, B: Sturzbahn, C: Auslaufgebiet. Bild: SLF.

Im Auslaufgebiet schließlich kommt die Lawine zum Stillstand. Sobald die Hangneigung unter 10° bis 20° sinkt, das Gelände eben wird oder in einer Gegensteigung ausläuft, wird die Lawine gebremst. Dabei können Staublawinen am Gegenhang noch einmal bis zu mehreren hundert Metern hochsteigen – eine tödliche und oft nicht bedachte Gefahr.

Eine steile, über Felsen führende Sturzbahn begünstigt die Entwicklung einer Staublawine. Bild: SLF.

Fließlawinen) und die ihrer Bahn (runsenförmig oder flächig), aber auch in bezug auf die Lage der Gleitfläche (innerhalb der Schneedecke oder auf dem Boden), die Feuchtigkeit des abgleitenden Schnees (trocken oder naß) und in der Länge der Bahn. Steht das Schadenspotential im Vordergrund, wird zwischen Katastrophen- oder Schadenlawinen und zwischen Touristen- oder Skifahrerlawinen unterschieden. Eine weitere Kategorie sind die Eislawinen, mit der ganze Gletscherabbrüche zu Tale donnern.

Die Staublawine – eine tödliche Wolke

Der langjährige Mitarbeiter am Institut für Schnee- und Lawinenforschung, Othmar Buser, vergleicht eine Lawine mit einem Tiger: „Wir sehen, wie er sich bewegt, seine Eleganz, Schönheit und Leichtigkeit, aber seine Kraft sehen wir nicht. Genauso ist es bei einer Lawine: Wir sehen sie kommen – eine wunderschön anzusehende Wolke, aber: wenn wir ihre Kraft spüren, ist es zu spät!"

Diese „wunderschön anzusehende Wolke" ist das typische Zeichen einer kommenden Staublawine – eine tödliche Wolke von enormer Zerstörungskraft. Als Schneebrett, Lockerschnee- oder Eislawine beginnend, kann sie

Staublawinengrößen:

Breite	50 – 1000 m
Höhe	50 – 400 m
Dichte	1 – 10 kg/m³
Masse	1000 – 100 000 t
Geschwindigkeit	50 – 350 km/h
Staudruck	0 – 50 kPa
Bahnlänge	1 – 5 km

sich ab einer Hangneigung von über 40° und insbesondere, wenn die Bahn über Felsen führt, vom Boden lösen und mit einer Stundengeschwindigkeit von bis zu 350 Kilometern als feines Schnee-Luft-Gemisch zu Tale stieben. In einem Kubikmeter Luft sind nur wenige Kilogramm Schnee enthalten, verheerend ist aber der Luftdruck, der dabei entsteht: Alles, was nicht angebunden ist, wird weggerissen. Er drückt Fenster ein, hebt Dächer ab, füllt Häuser mit Schnee, knickt Bäume um, mäht ganze Wälder nieder, wirbelt Menschen durch die Luft und kippt Fahrzeuge und Eisenbahnzüge um. Der Luftdruck ist oft noch weit entfernt von der Lawine selbst zu spüren: So soll vor vielen Jahrzehnten der Luftstoß einer solchen Lawine in der Nähe des Flüela-Hospizes einen Wagen samt Fuhrmann und Pferden in einen Bach geblasen haben – von der eigentlichen Lawine so weit entfernt, daß der Fuhrmann nichts von ihr gehört und gesehen haben will. Am 2. Dezember 1952 stieß der Luftdruck einer nur 6 Meter breiten Lawine einen österreichischen Bus von einer Brücke über den Alfenz. Nur elf von fünfunddreißig Reisenden überlebten den Absturz.

Überlebenschancen für Mensch und Tier gibt es in der Staublawine kaum: Das Schnee-Luft-Gemisch preßt sich gewaltsam in die Lungen und führt zum Erstickungstod. Als Wunder gilt die Geschichte eines Waldarbeiters aus dem Glarnerland, der im Jahr 1900 eine Staublawine überlebt hat: Mit sechs anderen Arbeitern stieg er einen Steilhang hinauf, als sich über seinem Kopf eine Staublawine löste. Während seine sechs Kollegen starben, wurde er durch die Luft gewirbelt und kopfüber, kopfunter in rasendem Tempo talwärts getragen. Er glaubte zu ersticken und verlor das Bewußtsein. Schließlich landete er im tiefen Schnee. Abgesehen von einigen Knochenbrüchen hatte er die „Reise"

**Wohnhäuser, die im Wege
stehen, werden plattgewalzt ...**

über eine Distanz von ungefähr einem Kilometer und einer Höhendifferenz von 700 Metern heil überstanden.

Staublawinen sind zum großen Teil auch für die Forscher noch immer ein Rätsel. Es gibt sie weit seltener als die besser bekannten Fließlawinen. Sie zu beobachten ist schwierig, die Forschung ist deshalb auch auf zufällige Aufnahmen von Amateurfilmern angewiesen.

Die Fließlawine – eine tonnenschwere Schneemasse

Der von der Bergbevölkerung geprägte und im Volksmund immer noch verbreitete Begriff der Grundlawine für Fließlawinen bezeichnet vor allem die großen Frühjahrslawinen: Wenn Tauwetter einsetzt und der Schnee matschig und weich wird, verliert er seine Haftung mit der Unterlage und fließt als gewaltiger Strom den Berg hinunter. Oft haben solche Lawinen ein großes Einzugsgebiet an einer Bergflanke: Die verschiedenen Lawinenzüge vereinigen sich und bahnen sich ihren Weg gemeinsam bis ins Tal hinunter. Eine solche nasse Fließschneelawine hat oft eine Länge von mehreren Kilometern, ihr Druck beträgt durchschnittlich 30 bis 40 Tonnen, kann aber auch auf weit über 100 Tonnen pro Quadratmeter anwachsen (300 bis über 1000 kPa). Mit einer Geschwindigkeit von bis zu 100 Kilometern pro Stunde fließt die Hunderttausende von Tonnen schwere Lawine daher, eine Spur der Zerstörung hinter sich lassend. Nichts kann sie stoppen, alles, was ihr im Wege steht, walzt sie nieder. Da sie unterwegs auch Bäume und Felsbrocken mitnimmt, hinterläßt sie einen gewaltigen Lawinenkegel: Er kann sich bis zu 30 Meter hoch auftürmen und ein Volumen von Hunderttausenden von Kubikmetern aufweisen.

Seit jeher leben die Menschen in den Alpentälern mit diesen großen Lawinenzügen und nahmen sie lange Zeit als

... und auch vor einer Kirche und dem Altar macht die Lawine nicht halt. Bilder: SLF.

Schicksal aus Gottes Hand an. „Der Weiße Tod" bedrohte sie ebenso wie Steinschlag, Wildbäche oder Bergstürze. Eine Lawine mochte jedes Jahr eine Familie, einige Gemsjäger, Fuhrleute oder Säumer in den Tod reißen – die Schicksalsgemeinschaft der Bergler lebte mit dieser Gefahr. Und kam es zu einer Katastrophe mit mehreren Dutzenden oder gar Hunderten von Toten, vertraute sie darauf, daß eine weitere Jahrhundertlawine sie für den Rest ihres Lebens verschonen würde.

Die Bahnen vieler solcher Lawinenzüge sind seit jeher bekannt. Der erste Eidgenössische Oberforstinspektor, Johann Coaz, erstellte die erste Lawinenkarte und beschrieb in seinem 1910 erschienenen Buch über Lawinenstatistik und Lawinenverbau in der Schweiz über 9000 bekannte Lawinenzüge, die regelmäßig, ein- oder zweimal pro Jahr, alle paar Jahre einmal oder in Intervallen von vielen Jahren niedergehen. Da die Bevölkerung um diese Lawinenzüge wußte, wurden solche Gebiete gemieden. Heute werden Straßen, Bahndämme und Skipisten in gefährlichem Gelände durch Verbauungen geschützt und in kritischen Situationen auch gesperrt.

Gefahr droht jedoch nicht nur Skifahrern, sondern auch den Bewohnern von Häusern in bedrohten Lagen. Augenzeugen erinnern sich an den Moment, in dem die Lawine kommt: „Man spürt ein leichtes Vibrieren. Geschirr und Fensterscheiben klirren leise, und kleine Gegenstände geraten in Bewegung. Diese ersten Erschütterungen werden von einem zuerst noch fernen, dann immer stärker anschwellenden Grollen begleitet, von einem näherkommenden Rumoren, das schließlich zu einem Sturm anschwillt. Bilder und Spiegel fallen von den Wänden, Fensterscheiben zerbrechen, Möbel verschieben sich, der Schnee drückt Wände ein und überflutet das Hausinnere. Das Geräusch krachenden Holzes und aufprallender Gesteins- und Eisbrocken mischt sich in das Sausen des Sturmwinds. Dann ist wieder Stille.“

Das Schneebrett – die typische Skifahrerlawine

„Es war, als wenn ein Riese den Schnee über uns entzweigeschnitten hätte. Ich wußte sofort: Das ist eine Lawine. Wir wurden hineingesogen. Nach 30 Metern rutschten wir bereits mit vielleicht 50 Stundenkilometern den Berg hinunter. Es preßte mir die Luft aus den Lungen. Ich konnte nichts sehen, nichts hören. Ich spürte nur die unheimliche Geschwindigkeit. Plötzlich erhielt ich einen starken Stoß. Ich dachte: Jetzt mußt du mit 18 Jahren sterben, und es tut nicht einmal weh.“

So erzählt der Snowboarder Camron Carpenter in einem Film der BBC über Lawinen. Camron Carpenter über-

Zwei Aufnahmen mit Seltenheitswert:
Ein Riß, ein Spalt, die Schneedecke
gleitet ab, der Skifahrer kann sich
aber noch in Sicherheit bringen.
Bilder: R. Ludwig.

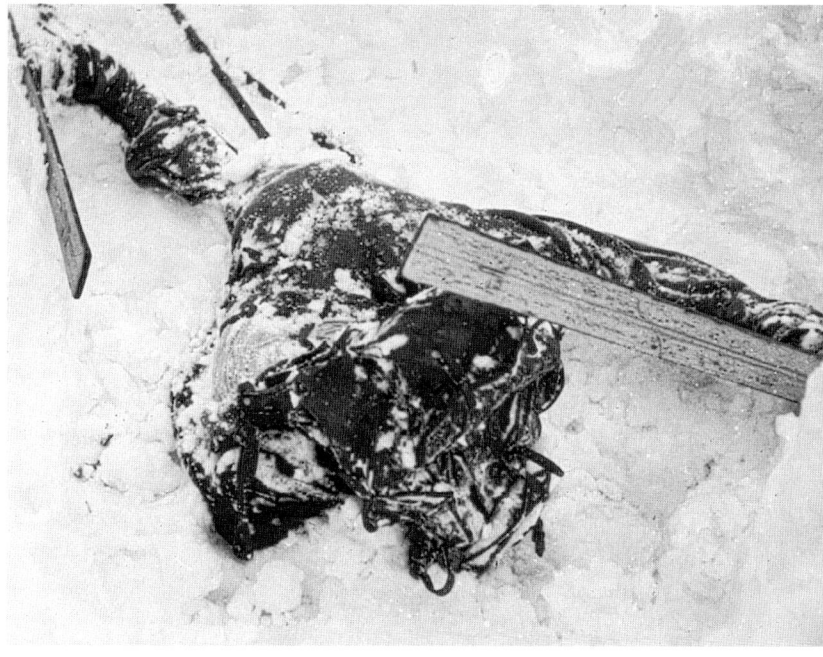

Die Schollen und Klumpen eines auseinanderbrechenden Schneebretts können groß wie Autos sein und Skifahrer erschlagen oder erdrücken. Bild: SLF.

Von der Lawine regelrecht zerschlagen. Ein Opfer mit bizarr verrenkten Gliedmaßen. Bild: SLF.

lebte das Schneebrett, während sein Freund darin starb. Beide wußten um die tödliche Gefahr an den Berghängen, aber beide dachten: „Es gibt zwar Lawinen, aber da geraten nur andere hinein, und wenn, dann können wir darin schwimmen oder davonfahren."

Schneebretter brechen in einer scharf verlaufenden Kante in einer festen, meist vom Wind gepreßten Schneefläche an und gleiten auf einer darunterliegenden schwachen Schicht in der Schneedecke talwärts. Nur selten löst

sich die gesamte Schneedecke von der Hangoberfläche ab, auf welcher oft lange Halme eine ideale Gleitfläche bilden. Im Durchschnitt erreichen die Schneebrettlawinen Geschwindigkeiten von gegen 80 Kilometern in der Stunde und ein Gewicht von einigen tausend Tonnen.

Bei einem Schneebrett bildet sich zuerst ein Riß, dann ein Spalt. Wie ein Tuch faltet es sich schließlich auf und bricht erst in Blöcke auseinander, wenn es genügend Geschwindigkeit gewonnen hat. Diese Schollen und Klumpen

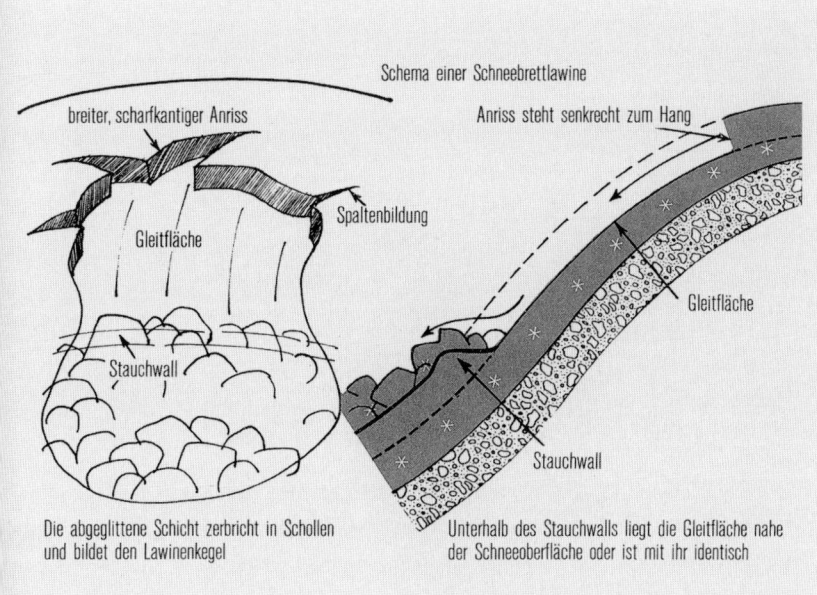

Schema einer Schneebrettlawine

breiter, scharfkantiger Anriss

Spaltenbildung

Gleitfläche

Stauchwall

Die abgeglittene Schicht zerbricht in Schollen und bildet den Lawinenkegel

Anriss steht senkrecht zum Hang

Gleitfläche

Stauchwall

Unterhalb des Stauchwalls liegt die Gleitfläche nahe der Schneeoberfläche oder ist mit ihr identisch

können so groß wie Autos sein und menschliche Körper erschlagen und erdrücken.

Ist der Schnee hingegen trocken und kalt, fließt er eher wie ein feines Pulver. Bereits nach wenigen Sekunden erreicht ein Schneebrett aus trockenem Schnee eine Geschwindigkeit von 60 Kilometern in der Stunde. Doch es ist kein weicher, luftiger Schnee, der die Verschütteten einhüllt. Vielmehr füllt er ihre Kleider bis auf die nackte Haut, füllt ihre Nasenlöcher, Ohren, Augen und Mund. Kommt die Lawine schließlich zum Stillstand, wird der Schnee verdichtet und hart wie Beton. Verunglückte werden in ihrer einmal eingenommenen Haltung in dieser weißen Masse richtiggehend einzementiert. Da kann von Glück sagen, wer sich daraus noch selber befreien kann! Tragen die Verschütteten Skier an den Füßen und sind die Hände noch in den Schlaufen der Skistöcke gefangen, können Arme und Beine weit auseinandergerissen und verrenkt werden. Schneebrettlawinen gelten in der Bevölkerung als die typischen Skifahrerlawinen: 95 Prozent aller von einem Schneebrett Verschütteten haben dieses selber ausgelöst.

Die Lockerschneelawine - vom Punkt zur Schneemasse

Lawinen können auch bei trockenem Schnee entstehen: Die Neuschneekristalle verlieren durch die abbauende Umwandlung oft rasch die anfänglich günstige Verzahnung untereinander. Gerät nun ein an der Oberfläche liegendes Schneeteilchen in Bewegung, kann es das Gleichgewicht seiner talseitigen Nachbarn stören und diese mit sich reißen. Dieser Vorgang setzt sich als Kettenreaktion fort; die auf diese Weise entstehende Lawine nimmt eine fächer- oder birnenförmige Form an.

Trockene Lockerschneelawinen kann man oft nach einem Neuschneefall bei stillen Windverhältnissen beobachten. Ein Skifahrer kann eine solche Lawine auslösen, ohne sich dabei selber zu gefährden. Viel gefährlicher sind die nassen Lockerschneelawinen: Diese entstehen fast immer als Folge einer intensiven oberflächlichen Erwärmung. Der Schnee wird von Schmelzwasser durchtränkt, die Kornbindung wird schrittweise gelöst. Ein einzelnes Altschneekorn, vielleicht ein von einem Felsen fallender Eiszapfen oder ein Stein können die unmittelbare Ursache für die Auslösung einer solchen Lawine sein. Der talwärts fließende matschige Schnee bewegt sich zwar nur langsam vorwärts, ein Skifahrer vermag ihm meistens zu entkommen. Gerät er aber in eine solche, wenn auch nur kleine Lawine hinein, ist er

Lockerschneelawinen verbreitern sich vom Ausgangspunkt birnenförmig nach unten. Bild: SLF.

wirklich in Gefahr: Naßschneelawinen werden sehr hart, wenn sie einmal zum Stillstand kommen. Das Opfer kann regelrecht „einbetoniert" werden und ist hilflos seinem Schicksal ausgeliefert.

Die Eislawine – der Berg bebt

Den traurigen Rekord, die größte aller bekannten Lawinenkatastrophen verursacht zu haben, nimmt eine Eislawine aus dem Jahr 1970 für sich in Anspruch. Es geschah an Südamerikas zweithöchstem Berg, dem 6763 Meter hohen Huascaran. Nach einem Erdbeben löste sich ein Teil der Eiskappe, die den Gipfel dieses Bergs in Peru bedeckt. In 15 Minuten legte die in Bewegung geratene Eismasse einen Höhenunterschied von 4000 Metern und eine Strecke von 16 Kilometern zurück. Sie erreichte dabei eine Geschwindigkeit von über 100 Kilometern in der Stunde. Mehrere

Eislawinen sind eine Folge der langsamen Gletscherbewegungen. Dabei werden die herabstürzenden Eisbrocken in feine Schneepartikel zerschlagen und sind deshalb von einer Fließlawine kaum mehr zu unterscheiden. Bild: J. Alean.

Dörfer deckte sie zu, 18000 Menschen starben in den Eis-, Geröll- und Schlammassen, die im Auslaufgebiet der Lawine ein Volumen von schätzungsweise 50 bis 100 Millionen Kubikmetern umfaßte.

Meistens sind Eislawinen eine Folge der langsamen Gletscherbewegungen: Das Eis bewegt sich bis zum Rand eines Abbruchs und stürzt schließlich darüber hinaus, mehr einer Steinlawine als den bekannten Schneelawinen gleichend. Auf der Kleinen Scheidegg im Berner Oberland sind solche Gletscherabbrüche regelmäßig zu beobachten. Häusergroße Eisbrocken, die vom Jungfraumassiv herabstürzen, können ein großartiges Schauspiel abgeben.

Mischformen sind die häufigsten Lawinentypen

Lawinen sind oft eine Mischform verschiedener Typen: Eine Staublawine kann als Schneebrett oder Lockerschneelawine beginnen und sich erst ab einer gewissen Geschwindigkeit oder einer bestimmten Hangneigung zu einer Staublawine entwickeln.

Der zusammenhängende Schnee eines harten Schneebretts kann über eine Felswand hinabstürzen, dabei in ein feines Schneegemisch zerstäuben und sich zu einer Staublawine entwickeln. Selbst das Eis der Lawine, die 1819 zum letzten Mal das Walliser-Dorf Randa verschüttet hatte, wurde so zermahlen, daß es wie eine Staublawine wirkte.

Auch Katastrophenlawinen beginnen oft als Schneebrett- oder Lockerschneelawinen, entwickeln sich auf ihrer steilen Sturzbahn zum einen zu Staublawinen, reißen weiteren Schnee mit sich fort und werden zum anderen zu nachlaufenden Fließlawinen, dabei Bäume, Gestein und Erde mit sich reißend, um dann erst im Tal als die im Volksmund bekannten Grundlawinen zu enden.

Sie werden durch den Absturz in feine Partikel zerschlagen. In ihrem Auslauf ist eine Eislawine deshalb kaum mehr von einer Fließlawine zu unterscheiden. Doch faszinierendes Schauspiel und tödliche Naturkraft sind die beiden Seiten ein und derselben Medaille. Am 30. August 1965 brachen mehr als eine Million Kubikmeter Eis vom Allalingletscher im Wallis ab und begruben wie bereits erwähnt 58 Arbeiter, die in Mattmark an der Fertigstellung eines Staudamms für ein neues Kraftwerk gearbeitet hatten.

Wind und Wetter: Ursachen für Lawinen

„Lawinenabgänge waren zu erwarten. Es hätte noch schlimmer kommen können", sind sich Fachleute nach der traurigen Bilanz vom Wochenende Mitte Februar 1997 einig. Im ganzen Alpengebiet waren unzählige Lawinen niedergegangen, hatten sich spontan gelöst oder waren oftmals von den Verunglückten selber ausgelöst worden. Warum die Häufung an diesem Wochenende?

Ob überhaupt und zu welchem Zeitpunkt eine Lawine losbricht, läßt sich auch mit den heutigen wissenschaftlichen Erkenntnissen nicht genau voraussagen. Zu vielfältig sind die verschiedenen Auslösefaktoren. Dabei spielen der Aufbau der Schneedecke mit ihren Gleit- und schwachen Schichten, die Neigung, Exposition und Bodenbeschaffenheit eines Hanges ebenso eine Rolle wie die Neuschneemenge, Wind, Temperatur und Sonneneinstrahlung. Eine Lawine löst sich, sobald die Schneedecke instabil und die Belastung größer als ihr Widerstand wird. Am fraglichen Wochenende des Jahres 1997 hatten verschiedene Faktoren zusammengewirkt und in ganz verschiedenen Bergregionen zu solchen instabilen Schneedecken geführt. Warum?

Eine Eislawine donnert zu Tale. Bild: U. Schiebner.

Prachtexemplar einer Staublawine (linke Seite), deren
Urgewalt die Aufnahme oben eindrucksvoll verdeutlicht.
Beide Bilder: M. Braun.

Eine gewaltige Fließlawine, am Horizont als Schneebrett
beginnend, ...

... und ihr Auslauf. Beide Bilder: SLF.

Gegenüber:
Der gewaltige Kegel einer
Fließlawine. **Bild: SLF.**

**Lawinen mit einem Kegel wie
nebenstehend hinterlassen
deutliche Spuren der Zerstörung wie diesen abgeholzten
Wald. Bild: SLF.**

Die Spuren von Tiefschneefahrern enden bei der Anriß-kante des Schneebretts ...

Kleinere Schneebretter finden sich häufig am Rande von Skipisten. Bilder: SLF.

Der weisse Tod schlug 14 Mal zu

Am Wochenende sind 14 Menschen in Lawinen gestorben. Die Gefahr war vorauszusehen: Starke Winde hatten als Lawinenbaumeister gewirkt.

Ein 28jähriger Walliser starb gestern im Spital, nachdem er am Sonntag von einer Lawine 700 Meter weit mitgerissen worden war. Damit sind in den Schweizer Alpen sechs Personen ums Leben gekommen. In Grenoble erlag ein 13jähriges Mädchen seinen Verletzungen, nachdem es in Savoyen von Schneemassen begraben worden war, auch in Frankreich gab es somit sechs Lawinentote. Im Kleinwalsertal wurden zwei Tourenfahrer erst gestern tot geborgen. Die Suchaktion konnte Sonntag wegen der einbrechenden Dunkelheit nicht stattfinden.

Wie das Eidgenössische Institut für Schnee und Lawinenforschung Weissfluhjoch mitteilte, donnerten die Unfallawinen an den als gefährlich eingestuften schattenseitigen Steilhängen und an Stellen mit verwehtem Tiefschnee zu Tal. Lawinenforscher Franz Tschirky sprach von einer vorhersehbaren Gefahr. Winde seien die Baumeister von Lawinen. *(dpa, sda)*

Altschnee und Neuschnee

Wochenlang hatte es in den Bergen nicht mehr geschneit. Der noch im November und Dezember gefallene Schnee hatte sich durch das langandauernde schöne Wetter zwar gesetzt, gleichzeitig aber auch stark umgewandelt. Dadurch hatte die Schneedecke viel von ihrer Festigkeit eingebüßt.

Die der Sonne zugewandten Hänge, deren Oberflächen tagsüber durch die Sonneneinstrahlung immer wieder aufgeweicht wurden und in der Nacht gefroren, waren von einer glatten Kruste, einer idealen Gleitfläche, überzogen. An den schattigen Nord- und Osthängen hatten sich während dieser Wochen Schichten mit Oberflächenreif gebildet.

Auf diese Unterlage begann es nun zu schneien. Innerhalb von wenigen Tagen fiel ein halber Meter Neuschnee, an sich noch keine bedrohliche Menge. Das wunderschöne Winterwetter am darauffolgenden Wochenende lud Tausende zum Skifahren ein. Auf den im Sonnenlicht glitzernd verschneiten Hängen wollten Touren- und Variantenskifahrer, abseits vom großen Rummel auf den Skipisten, die un-

berührte Natur genießen. Einigen jedoch wurde ihre Naturverbundenheit zum Verhängnis: Die Schneedecke hielt der Belastung nicht stand und kam auf der glatten Unterlage ins Rutschen, an schattigen Hängen auch Teile der Altschneedecke mit sich reißend.

Baumeister der Lawinen: Der Wind

Beinahe jeder, der die Berge im Winter kennt, dürfte wissen, daß Neuschneefälle und Temperaturveränderungen die Lawinengefahr erhöhen. Daß jedoch auch der Wind als Baumeister von Lawinen gilt, ist häufig nur Fachleuten, Bergführern und geübten Tourengängern bekannt. Bläst

Verschiedene Wetterfaktoren führten an diesem Wochenende im Februar 1997 zu einer immer wieder vorkommenden Häufung von Lawinenunfällen. Bild: Berner Zeitung.

Schneefahnen über den Bergen: Bläst der Wind mit mehr als 25 Stundenkilometern, vermag er den Schnee aufzuwirbeln. Bild: SLF.

Rechts: Vom Wind erodierte Schneefläche mit bizarren Formen und Mustern. Bild: SLF.
Unten: Der Wind wirkt als Baumeister von Lawinen. Er lagert Triebschnee an den Windschattenseiten von Hängen, Bergkämmen und Kreten ab. Bild: SLF.

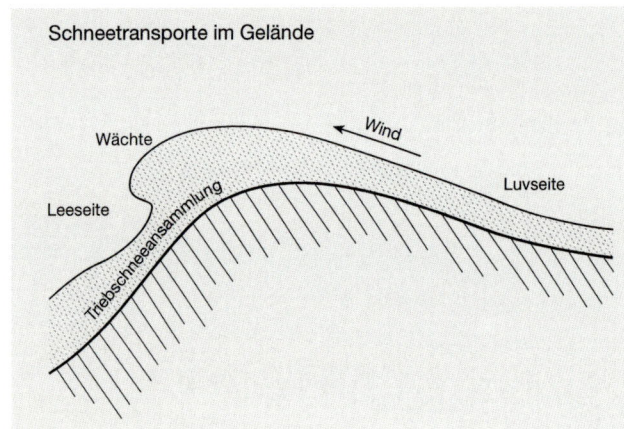

der Wind mit mehr als 25 Stundenkilometern, vermag er nämlich Schnee zu transportieren. Er wirbelt den trockenen Neuschnee auf, trägt ihn über Kreten und Bergkämme, über Flächen und Ebenen, über Hänge und Mulden und lagert ihn auf ihren Windschattenseiten (Leehängen) als Triebschneeansammlungen ab. Er verfrachtet ihn hinter alle Geländehindernisse, hinter Gebirgskämme und Erhebungen. Die größten Triebschneeansammlungen sind dabei im Windschatten von Geländeeinschnitten (Joch, Paß) zu finden, weil solche Einschnitte die Windgeschwindigkeit örtlich stark erhöhen können (Düseneffekt) und der Wind noch mehr Schnee zu transportieren vermag.

Doch der Wind verfrachtet den Schnee nicht nur auf die Windschattenseite (Lee) von Bergkämmen. Auch auf der Windseite (Luv) kann es in Rinnen, Runsen und Mulden zu gefährlichen Triebschneeansammlungen kommen. Die exponierten Rippen und Geländerücken sind dann häufig blankgefegt und vermitteln das trügerische Bild von wenig

Große Triebschneeansammlungen auf den Bergkämmen hängen oft als Wächte bis weit auf die Windschattenseite über. Bild: SLF.

Schnee. Nur wer das Gelände mit seinen Mulden und Vertiefungen auch im Sommer kennt, kann erkennen, daß die Triebschneeansammlungen die tatsächliche Niederschlagsmenge um ein Mehrfaches übersteigen.

Auf ihrer Fahrt durch die Luft werden die Schneekristalle beschädigt und zerbrochen. Werden sie dann abgelagert, bilden sie eine zwar kompakte, hartgepreßte, aber äußerst spröde Schneeschicht, die schon bei der kleinsten Zusatzbelastung losbrechen kann. Auf der Ebene wird die windgepeitschte Fläche erodiert, es bilden sich feine Muster und bizarre Formen.

Wächten entstehen auf den Bergkämmen durch große Triebschneeansammlungen und hängen oft bis weit auf die Windschattenseite über. Eine Wächte kann allein durch ihr Gewicht, aber auch durch die Bewegung des „Kriechens" von einem Bergkamm abbrechen. Einem ungeübten Berggänger kann sie dennoch das Gefühl vorgaukeln, sicheren Boden unter den Füßen zu haben. Am Niederhorn im Berner Diemtigtal bewegte sich im Winter 1996

Meßaufbau des SLF, um Schneeverfrachtungen und Transportprozesse zu messen. Bild: SLF.

ein Tourenfahrer zu weit draußen auf einer Wächte. Diese löste sich, und der Skifahrer stürzte etwa 250 Meter in die Tiefe. Er hatte Glück: Die Wächte trug ihn wie auf einem Deckbett, den Sturz überlebte er mit nur einem gebrochenen Arm.

Schneeverfrachtung – Transportprozeß

Schneeverfrachtung findet meist während oder kurz nach Neuschneefällen statt. Während niederschlagsfreien Perioden spricht man von Schneefegen (die Sichtweite in 1,80 m Höhe wird kaum beeinträchtigt) oder von Schneetreiben (die Sichtweite in 1,80 m Höhe wird merklich beeinträchtigt).

Der Schneetransport von bereits abgelagertem Schnee beginnt bei Windgeschwindigkeiten von ca. 5 bis 10 m/s, gemessen in 10 m Höhe. Diese Schwellengeschwindigkeit hängt stark von den Schneedeckeneigenschaften ab, davon, ob es sich beispielsweise um trockenen Neuschnee oder Altschnee handelt.

Der Schneetransport erfolgt auf zwei verschiedene Arten:

– Ein Teil der Partikel rollt oder hüpft (engl. rolling bzw. saltation) über die Schneeoberfläche.
– Der andere Teil wird von Windböen erfaßt und 10 bis 100 m weit in die Höhe transportiert. Der Schnee wird suspendiert.

Die transportierte Masse hängt von der vorhandenen Windenergie ab. Ein Maß hierfür ist die Windgeschwindigkeit. Die Schneekonzentration liegt bei 1000 g/m³ in der Saltationsschicht bzw. 10 bis 100 g/m³ in der Suspension (vgl. während ruhigem Schneefall bis 10 g/m³).

Temperatur und Sonneneinstrahlung

Der Zusammenhang von Temperaturveränderungen und Lawinengefahr ist bekannt: Tiefe Temperaturen konservieren eine bestehende oder entstehende Lawinensituation, weil sich bei tieferen Temperaturen die Schneekristalle in der Schneedecke nur wenig verändern und die Setzung der Schneedecke nur langsam voranschreitet.

Eine langsame Erwärmung hingegen fördert einerseits die Setzung der Schneedecke, andererseits unterstützt sie aber auch die aufbauende Metamorphose und beeinflußt damit die Festigkeit der Schneedecke negativ.

Eine plötzliche Erwärmung, wie sie oft im Frühling vorkommt, läßt die Lawinengefahr sprunghaft ansteigen. Schwer und naß ist der Schnee im Frühling, und die manchmal bis auf den Grund durchfeuchtete Schneedecke ist ohnehin schon nahe am Schmelzpunkt. Ein bedeutender Temperaturanstieg überzieht nun jeden Eiskristall mit einem dünnen Wasserfilm, der wie eine Schmierung wirkt. Die Schneedecke verliert ihre Haftfähigkeit und geht eventuell als Naßschneelawine nieder.

Gerade im Frühling verläuft die Festigkeit der Schneedecke meist parallel zum Tagesverlauf der Temperatur. Während der Nacht gefriert der obere Teil der Schneedecke und gibt ihr so eine gewisse Stabilität und Tragfähigkeit. Mit der Sonneneinstrahlung des neuen Tages erwärmt sich der Schnee zuerst an der Oberfläche und wird zu Sulzschnee. Später, so ab den Mittagsstunden, verlieren die groben Schneekörner nach der Schmelzmetamorphose ihren Zusammenhalt weitgehend, es kommt zu Naßschneelawinen. Deshalb gilt für Frühjahrsskitouren die Faustregel: Früh in den Morgenstunden starten, um zur Mittagszeit, bevor die Sonneneinstrahlung am stärksten wirkt, wieder zurück in der Hütte oder im Tal zu sein. Tragisch endete die Mißachtung dieser Regel für einige junge Leute aus Zürich, die an einem schönen Maiwochenende 1990 eine Skitour zum Wetterhorn unternehmen wollten:

Als einer der Tourenleiter der siebenköpfigen jugendlichen Gruppe telefonisch die Schlafplätze und die Ankunftszeit um 15 Uhr in der Gaulihütte bestätigte, machte ihn die Frau des Hüttenwarts auf die Lawinengefahr aufmerksam.

Auch das Lawinenbulletin hatte an diesem 4. Mai die Gefahr für den Nachmittag als erheblich eingestuft. Doch es wurde Mittag, bis die jungen Leute aus dem Zürcher Oberland in Meiringen ankamen, früher Nachmittag, bis sie den fünfstündigen Aufstieg zur Gaulihütte unter die Skier nahmen. Irgendwann am Nachmittag löste sich die Naßschneelawine, die die Gruppe mit sich in die Tiefe und in den Tod riß. Die Jugendlichen hatten keine Chance, sich vor den schweren Schneemassen in Sicherheit zu bringen. Sie wurden unter einer ein Meter hohen Schneeschicht begraben. Drei Tage lang suchten die rund 150 Retter mit mehreren Hubschraubern und Dutzenden von Hunden den Lawinenkegel ab. Doch keiner hatte seinem Schicksal entrinnen können, die Rettungsmannschaften fanden nur noch ihre toten Körper.

Gelände und Vegetation

Es gibt nicht nur Lawinenwetter, es gibt auch Lawinengelände. Das Anrißgebiet von Lawinen befindet sich wie erwähnt hauptsächlich an Hängen mit einem Neigungswinkel zwischen 28° und 50°. Ist der Winkel kleiner, bleibt der Schnee liegen und kommt nicht ins Rutschen. Hänge mit einem Neigungswinkel von über 50° sind dagegen in der Regel zu steil, als daß sich dort große Schneemengen ansammeln könnten. Der Schnee rutscht vorher ab.

Die meisten Lawinen in den Alpen haben ihre Anrißgebiete auf einer Höhe von 1500 bis 3000 Metern ü. M. Unterhalb dieser Höhe entstehen seltener Lawinen, weil dort zum einen die Schneemenge weniger groß ist, zum andern die durchschnittlich wärmeren Temperaturen das Setzen der Schneedecke fördern und vor allem der schützende Wald das Anbrechen von Lawinen verhindert. Auch in

Lichter Wald kann das Abgleiten einer Lawine nicht verhindern. Bild: SLF.

Höhen über 3500 Metern kommen Lawinen seltener vor, weil das Gelände dort meist zu steil ist und zudem der Wind, der oft 100 Kilometer in der Stunde erreicht, den Neuschnee wieder wegträgt.

Nord- und Osthänge, vor allem schattige, steile, kammnahe Lagen, die fast keine oder nur selten Sonne erhalten, bleiben nach einem Schneefall lange instabil, weil sich bei tiefen Temperaturen die Schneedecke nur schlecht setzen kann. Eine kleine zusätzliche Belastung, eine nur geringe Abnahme der Festigkeit genügen, um eine Lawine auszulösen. Auch ein plötzlicher Temperaturanstieg verstärkt in solchem Gelände die Lawinengefahr.

Langes, hangabwärtsgerichtetes Gras bietet eine ideale Gleitfläche für im Frühling abgehende Bodenlawinen. Bild: SLF.

Auch die Vegetation hat Einfluß auf die Lawinengefahr. Sträucher, Büsche und Felsbrocken können, solange sie nicht vollständig zugedeckt sind, eine Schneedecke verankern und somit als natürliche Lawinenverbauung wirken. Liegt der Schnee allerdings so hoch, daß sich über ihnen eine geschlossene Schneedecke bildet, fördert die in Bo-dennähe wärmere Luftzirkulation in den sie umgebenden Hohlräumen die aufbauende Metamorphose und vermindert die Festigkeit der Schneedecke. Dann lassen sie die Gefahr steigen!

Grasstoppeln können eine mechanische Verankerung begünstigen und dadurch ebenfalls wie ein kleiner Lawi-

Bereits ein herabfallender Eiszapfen oder ein herabrollender Stein kann eine Lockerschneelawine auslösen. Bild: SLF.

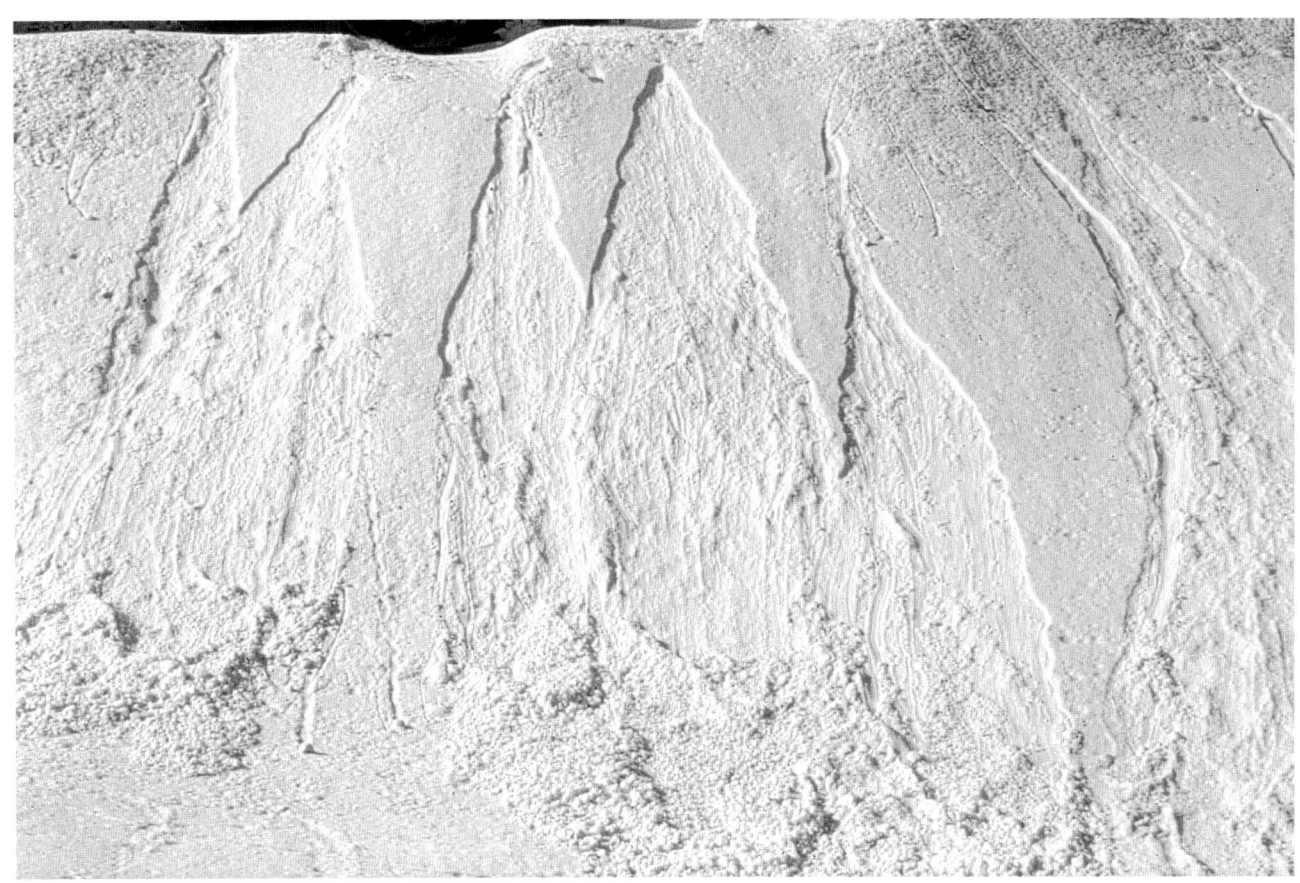

nenverbau wirken, während langes, im Sommer nicht abgemähtes und hangabwärts gerichtetes Gras vor allem im Frühjahr bei nassem Schnee eine ideale Gleitfläche für abgehende Bodenlawinen bietet. Es ist allgemein bekannt, daß bewaldete Hänge der beste Lawinenschutz überhaupt sind. Seit alters her siedeln Bergbewohner in Tälern, die durch Bannwald vor Lawinen geschützt sind. Die Abholzung dieser Wälder ist dafür verantwortlich, daß in bestimmten Tälern und Ortschaften immer wieder Lawinenabgänge stattfinden. Dichter Wald nämlich verhindert einerseits ein Anreißen von Lawinen und große Triebschneeansammlungen, andererseits können sich keine

Gleitschichten bilden, weil der von den Baumkronen fallende Schnee die Schichtung der Schneedecke immer wieder durcheinanderbringt. Lichter Wald und einzelne Bäume verankern eine Schneedecke nur ungenügend und können eine Lawine nicht verhindern, dazu bedarf es einiger hundert Bäume pro Hektar.

Der Auslöser: Was weckt nun die schlafende Löwin?

So gibt es eine ganze Menge von natürlichen Faktoren, die die Lawinengefahr erhöhen oder senken. Es ist ferner einleuchtend, daß ein instabiles Schneefeld durch äußere Belastungen wie Wanderer, Skifahrer oder Tiere seinen Zusammenhalt endgültig verliert und ins Rutschen gerät. Dabei können offenbar auch kleinere Erschütterungen schon als Auslöser dienen. Allerdings gibt es keine wissenschaftlichen Beweise für den Jahrhunderte alten Aberglauben, wonach bereits menschliche Stimmen oder Geräusche eine Lawine auszulösen vermöchten. Auch in Frankreich durchgeführte Versuche mit Düsenflugzeugen, die im Tiefflug über gefährliche Lawinenhänge hinwegdonnerten, widersprechen Friedrich Schillers poetischer Aussage in seinem Berglied: „Und willst du die schlafende Löwin nicht wecken, so wandle still durch die Straßen der Schrecken." Schallwellen, so scheint es, sind als Auslöser ungeeignet. Was ist also das auslösende Moment, das eine Schneedecke in Bewegung zu setzen vermag?

Jede zusammenhängende Schneedecke steht im Spannungsfeld einander entgegenwirkender Kräfte, der Belastung oder Einwirkung einerseits und des Widerstands oder der Tragfähigkeit andererseits (Scherfestigkeit und Scherspannung). Das Verhältnis von Tragfähigkeit zu Belastung ergibt die Stabilität der Schneedecke. Je größer die Tragfähigkeit oder je kleiner die Belastung, um so größer ist ihre Stabilität. Und je größer die Schneedeckenstabilität ist, desto kleiner ist die Lawinengefahr und umgekehrt. Wird also die Belastung erhöht, sei es durch einen Skifahrer oder durch weiteren Schneezuwachs, wird die Stabilität immer kleiner, bis schließlich die Spannung die Festigkeit so weit übertrifft, daß in einer schwachen Schicht das Eisgefüge zu brechen beginnt. Auch eine Kette ist nicht stärker als ihr schwächstes Glied: Sie bricht; die Lawine gleitet talwärts.

Neuschneemenge, Wind, Temperatur und Sonneneinstrahlung sind äußere Einflüsse, die die Scherspannung erhöhen oder die Scherfestigkeit vermindern, und können Ursache für einen spontanen Lawinenabgang sein, der nicht durch zusätzliche Belastungen verursacht wird. Eine zusätzliche Belastung kann eine bestehende Spannung ebenfalls so weit erhöhen, daß eine Lawine losbricht: Bei einer lockeren Schneeschicht kann ein herabfallender Eiszapfen oder ein herabrollender Stein eine kleine Schneemenge in Bewegung setzen. Dabei werden beim Abwärtsfließen immer größere Schneemassen mitgerissen, die Lawine wird immer breiter: Eine Lockerschneelawine ist entstanden und breitet sich fächerförmig aus. Auch von einem Felsbrocken tropfendes Schmelzwasser, das auf dem Boden unter der Schneedecke abfließt, vermindert deren Zusammenhalt mit dem Boden. Die Schneemassen rutschen ab. So gesehen sind Wanderer oder Skifahrer, vielleicht sogar eine ganze Gruppe von ihnen, eine erhebliche Zusatzbelastung.

Der Frage, warum es zu einem plötzlichen Bruch in der ganzen Schneedecke und dadurch zum Abgang von Schneebrettern kommen kann, ist Bruno Salm, ein langjähriger Forscher am Eidgenössischen Institut für Schnee- und Lawinenforschung, nachgegangen: Dazu hat er die Theorie der Superschwachzonen, der „weak spots", entwickelt. Laut

Salm gibt es innerhalb der schwachen Schichten noch besonders schwache Stellen, an denen es bei der geringsten zusätzlichen Belastung zu sogenannten Initialbrüchen kommt. Diese Initialbrüche wären, jeder für sich allein genommen, harmlos. Werden es aber zu viele, sei es aus natürlichen Gründen oder durch das Gewicht von Skifahrern und Tieren, so können sich diese feinen Risse zu einem großen vereinigen. Die Schneedecke rutscht dann ab, plötzlich, überraschend und von Beginn an mit ungeheurer Wucht und Intensität. Zitieren wir noch einmal den Snowboardfahrer Camron Carpenter: „Es war, als wenn ein Riese über uns den Schnee entzweigeschnitten hätte."

Das Eidgenössische Institut für Schnee- und Lawinenforschung – weltweit anerkannt

Über Jahrhunderte hinweg gründete alles Wissen über Schnee und Lawinen in der unmittelbaren Beobachtung und dem über Generationen weitergegebenen Erfahrungsschatz der Bergbewohner. Die (natur-)wissenschaftliche Erforschung begann erst im 20. Jahrhundert.

Rußland und die Schweiz waren die ersten Länder, die zu Beginn der dreißiger Jahre mit der institutionalisierten Schnee- und Lawinenforschung begonnen hatten. In der Schweiz sollten Fragen des Lawinenschutzes für die immer wieder von Lawinen heimgesuchte Bergbevölkerung auf nationaler Ebene erforscht werden. Obwohl sich heute rund um den Erdball zahlreiche Institute und Forschergruppen an Universitäten in Japan, Amerika, Kanada, Rußland, in den Alpenländern und in Skandinavien mit Fragen über Schnee und Lawinen befassen, ist das Eidgenössische Institut für Schnee- und Lawinenforschung (SLF) in Davos auf diesem Gebiet weltweit führend geblieben. Dabei begann alles ganz bescheiden:

Die Bruchsteinbude – ein „bijou" auf dem Weissfluhjoch

Die Geburt der schweizerischen Lawinenforschung fiel in die dreißiger Jahre. 1931 wurde in Bern die Schweizerische Lawinenforschungskommission mit dem Ziel gegründet, Fragen der Lawinenbildung und des Lawinenschutzes auf nationaler Ebene wissenschaftlich zu prüfen und zu erforschen. Wissenschaftler aus Technik, Kristallographie, Geologie und Meteorologie nahmen daraufhin ihre Arbeit in Davos auf, wo bereits ein meteorologisches Observatorium Wetterdaten sammelte. Doch bald zeigte sich, daß die klimatischen Bedingungen im Tal für längerdauernde Beobachtungen und Experimente ungünstig waren. Deshalb zog

noch vor Winterbeginn 1936 das erste Forscherteam mit Robert Haefeli, Henri Bader, Johann Neher, Edwin Bucher und einigen Helfern auf das 2662 Meter hoch gelegene Weissfluhjoch oberhalb von Davos. Dort stellte die nur wenige Jahre zuvor eröffnete Parsennbahn eine Holzbaracke und einen Arbeitsraum in der Bergstation für die Forschungsarbeiten zur Verfügung. Daneben gewährte sie den Pionieren freien Transport auf der Bahn – eine großzügige Geste, welche bis heute ihre Gültigkeit behalten hat.

Jeden Winter wurde die Holzbaracke, dieses erste Kältelabor, eingeschneit. Wegen der unter der Schneedecke gleichbleibenden Temperatur von –5 bis –7 Grad konnten mechanische und kristallographische Untersuchungen und Dünnschnitte durchgeführt und erste einfache Meßgeräte zur Schnee- und Schneedeckenbeobachtung getestet werden. Dazu verfolgten die Schneeforscher die rings an den Hängen natürlich abgehenden und künstlich ausgelösten Lawinen. Sie hielten ihre Beobachtungen fest und werteten die im Winter gesammelten Daten während der Sommermonate an ihren Hochschulen aus. So entstand 1939 ihr gemeinsames Werk „Der Schnee und seine Metamorphose", das lange Zeit als Grundlage für die weitere Forschung im In-, aber auch im Ausland diente.

Während des Zweiten Weltkriegs konnte der Betrieb auf dem Weissfluhjoch dank temporärer Mitarbeiter aufrechterhalten werden. Die dem Gebirgsdienst zugeteilten Forscher stellten ihr Wissen in den Dienst der Armee. Da die Pläne vorsahen, daß sich große Teile der Armee im Falle eines Angriffes ins Alpengebiet zurückziehen sollten, war das Militär auf die Errichtung eines Lawinenwarndienstes angewiesen. Deshalb wurde trotz der Kriegswirren bereits 1942 vom Bundesrat beschlossen, ein Eidgenössisches Institut für Schnee- und Lawinenforschung (SLF) zu gründen

Die Parsennbahn steht seit Jahrzehnten den Schnee- und Lawinenforschern gratis zur Verfügung. Im Hintergrund rechts das erste Institutsgebäude, gebaut aus dem umliegenden Bruchstein. Bild: SLF.

und unter die Direktion des Eidgenössischen Oberforstinspektorates zu stellen. Die enge Zusammenarbeit zwischen SLF und Armee ist bis heute geblieben: 1945 übernahm das Institut von der Schweizer Armee die Verantwortung für die Lawinenwarnung, und seit der Bundesrätlichen Verordnung vom 26. Februar 1975 ist das SLF im Rahmen der Gesamtverteidigung Koordinationsorgan für den Lawinendienst.

Der Architekt Rudolf Gabarel baute noch 1942 auf dem der Eidgenossenschaft von der Gemeinde Davos geschenkten Grundstück auf dem Weissfluhjoch das neue Institutsgebäude. Dafür wurde hauptsächlich der umliegende Bruchstein verwendet; das in seinem Aussehen einem Hospiz ähnelnde Gebäude galt lange Zeit als architektonisches

„bijou" – so nannte es der später dreißig Jahre lang amtierende Institutsdirektor Marcel de Quervain. Gegen zehn Forscher arbeiteten jetzt in vier Kältelabors von –5 bis –40 Grad. Edwin Bucher, ein Mitarbeiter der ersten Stunde, wurde Institutsleiter. Die drei bereits vor dem Krieg bearbeiteten Themen „Entwicklung der Schneedecke", „Schneemechanik und Lawinenbildung" und „Kristalline Struktur und Umwandlung des Schnees" blieben auch im neuen Gebäude zentrale Forschungsgebiete.

Eine entscheidende Wende brachte der Lawinenwinter 1951, der in der Schweiz 98 Todesopfer forderte. Nach dieser Katastrophe waren weniger Forschung und Wissenschaft gefordert als vielmehr praktische, konkrete Hilfen in Verbauungstechnik und im Lawinenwarndienst: Die Zusammenarbeit mit der Schweizerischen Meteorologischen Anstalt (SMA) wurde ausgebaut, und regelmäßig Meßdaten über Wetter- und Schneeverhältnisse ausgetauscht. Dieser Austausch erhöhte die Zuverlässigkeit des Lawinenbulletins. Dank neuen Ergebnissen in der Forschung zur Schneedruckberechnung konnten Richtlinien für den permanenten Stützverbau herausgegeben werden. Und schließlich führte die Dünnschnittechnik zu einem besseren Verständnis der Schneeumwandlung und damit der verschiedenen Schneeschichten.

Bis 1953 hatte die gesamte Lawinenforschung oberhalb der Waldgrenze stattgefunden. Als nun auch der Wald als Faktor für einen langfristigen Lawinenschutz wieder an Bedeutung gewann, verlagerte der forstliche Mitarbeiter Hans Rudolf in der Gand seine Versuche in die Waldzone am Davoser Dorfberg und am Stillberg im Dischmatal. Damit begann die Zusammenarbeit mit der heutigen Forschungsanstalt für Wald, Schnee und Landschaft (WSL) in Birmensdorf.

Jeden Winter wurde die Holzbaracke, das erste Kältelabor
des SLF, eingeschneit. Bild: SLF.

Noch dreimal mußte das Gebäude auf dem Weissfluhjoch in den nächsten 50 Jahren vergrößert werden. Insgesamt über 200 Forscher, zum Teil über vierzig Jahre lang,
arbeiteten während dieser Zeit im Institut; rund tausend
Publikationen wurden veröffentlicht und unzählige Arbeits-
berichte geschrieben. Oft war der Arbeitsplatz auf dem
Weissfluhjoch schwierig zu erreichen: In der Zwischensai-
son wurde der Parsennbahnbetrieb wegen Revisionsarbei-
ten eingestellt. In dieser Zeit mußten über die Bahntreppen,
und dies bei einem Höhenunterschied von 1100 Metern,
selbst Transportmärsche bewältigt werden. Manchmal
übernachtete die Belegschaft deshalb gleich im Institut
oder in den Räumen des Bahnpersonals. Im Winter nahmen die Mitarbeiter ihre Skier mit zur Arbeit: Damit fuhren
sie ins Versuchsfeld und am Abend nach der Arbeit wieder
ins Tal hinunter.

Auch der Lawinenwinter 1968, der Davos besonders
empfindlich traf, legte die Parsennbahn für zwei Monate
still. Die Arbeit auf dem Weissfluhjoch wurde teilweise reduziert, eingestellt oder nach Davos verlegt, wo die Sektion
„Schneedecke und Vegetation" bereits einige Jahre vorher
in einem Wohnblock des Bundespersonals an der Flüelastraße Büroräumlichkeiten bezogen hatte.

Ein „himmlischer" Arbeitsort
Doch trotz aller Unbequemlichkeiten war es immer ein
ganz besonderer Arbeitsplatz, dieses Institut auf einer
Höhe von über zweieinhalbtausend Metern! Der Mitarbeiter Perry Bartelt verglich ihn mit dem Leben in einem Kloster:

„Auch von außen erinnerte mich das in den Berg ge-
baute Steingebäude mit seinen kleinen Fenstern an ein Kloster. Jeden Morgen brachte die Parsennbahn die Schnee-

und Lawinenforscher an ihren Arbeitsort. Ihre Skier stellten
sie in den dunklen Gang, der die Bergstation der Bahn mit
dem Institutsgebäude verbindet. Danach verschwanden sie
in ihren winzigen, holzgetäferten Zellen und gingen ihrer
Forschungsarbeit nach. Am Mittag kamen sie jeweilen wieder aus ihren Klausen heraus, stiegen die Treppen hoch in
den Gemeinschaftsraum im Obergeschoß und setzten sich
an die Tische. Einer von ihnen holte in der Küche die dampf-
enden Schüsseln mit dem einfachen, nahrhaften Essen.
Danach wurde diskutiert, gelacht, geraucht und geplaudert,
bevor die Forscher für den Nachmittag wieder in ihre kleinen Büros zurückkehrten. Am Abend packten sie ihre Skier
zusammen, vermummten sich in ihre Winterausrüstung
und sausten den Berg hinunter nach Davos. Zurück blieb

Das **SLF**-Gebäude bis 1996
(oben) und die **Schneegleit-**
bahn (unten). **Bilder: SLF.**

Der Blick aus den Bürofenstern auf dem Weissfluhjoch war einmalig. Nicht alle Mitarbeiter freuten sich auf den Umzug ins Tal hinunter. Bild: SLF.

immer nur einer, der 'Hüttenwart', der dieses Amt jeweilen eine Woche lang ausübte."

Seit November 1996 arbeiten nur noch wenige Schneeforscher auf dem Weissfluhjoch, weiterhin stark genutzt werden die verschiedenen Kältelabors und das SLF-Versuchsfeld sowie die rund 20 m lange, in ihrer Neigung verstellbare Schneegleitbahn direkt neben dem Institutsge-

bäude zum Studium lawinendynamischer Prozesse. Doch der Arbeitsplatz hat nichts von seiner Faszination verloren. An den Wänden in den Gängen hängen immer noch Bilder, Grafiken, Karten und Zeichnungen, die alle nur eines zeigen: Den Schnee in all seinen Facetten! Kleiderhaken, Skier, Schachteln, Schuhe und Apparate versperren die ohnehin schon schmalen Durchgänge. Das Holztäfer in den Arbeits-

Pioniere der Schneeforschung

Johann Jacob Scheuchzer: Auf ihn lassen sich zu Beginn des 18. Jahrhunderts erste wissenschaftliche Äußerungen über Schnee und Lawinen in der Schweiz zurückführen.

Johann Coaz: In der Schweiz gilt er als „Vater der Lawinenforschung", weil er als Bündner Forstinspektor die Problematik der Lawinen in die Bundeshauptstadt nach Bern brachte, um ein nationales Lawinenbeobachtungsnetz aufzuziehen. Er wurde der erste Oberinspektor des 1876 gegründeten eidgenössischen Forstinspektorats.

Matthias Zdarsky: Als Instruktor der österreichischen Gebirgstruppe während des Ersten Weltkrieges und als Überlebender eines schweren Lawinenunglücks schrieb er verschiedene Augenzeugenberichte, Leitfäden und Artikel über Lawinen.

Wilhelm Paulcke: Der Innsbrucker Geologe und Alpinist begann mit der Ausbildung von Skifah-rern und Bergsteigern, bevor er 1930 seine wissenschaftliche Arbeit über Schneekristalle und Schneedecke publizierte.

Gerald Seligmann: In seinem Buch „Snow Structure and Ski Fields" veröffentlichte der englische Amateur 1932 die Erkenntnisse aus seinen Schneebeobachtungen.

Robert Haefeli, Henri Bader, Johann Neher, Edwin Bucher: Als erstes Forscherteam nahmen sie 1936 auf dem Weissfluhjoch ihre Arbeit auf und schrieben ihre Erkenntnisse im Grundlagenwerk „Der Schnee und seine Metamorphose" nieder.

Melchior Schild: Als Fachbearbeiter des aufgelösten Lawinendienstes der Armee zog er nach dem Zweiten Weltkrieg im SLF den zivilen Lawinendienst zur Warnung der Bevölkerung und Touristen auf.

Marcel de Quervain: Als Nachfolger von Edwin Bucher wurde er 1949 zum neuen Institutsdirektor gewählt und blieb es bis zu seiner Pensionierung dreißig Jahre später.

räumen verwandelt diese in freundliche Zimmer. Durch die Fenster dringt immer helles Licht, sei's vom Nebel, vom Schnee oder von der Sonne.

Der Blick aus den Bürofenstern auf das Panorama ist bei schönem Wetter atemberaubend: Jeder Grat, Waldsaum und Gebirgsbach an der gegenüberliegenden Bergseite ist zu erkennen. Man fühlt sich in einer anderen Welt, weit weg von allen Sorgen und Kümmernissen des Alltags. Wen wundert's, daß nicht alle Lawinenforscher glücklich waren, diesen Arbeitsplatz auf dem Joch zu verlassen, um in die Bürogebäude ins Tal hinunterzuziehen?

1960 wurden in einer bundesrätlichen Verordnung die Pflichten des SLF umschrieben. Als wichtigste Aufgabe wurde darin die „Erforschung des Schnees in allen seinen Erscheinungen und Auswirkungen, vorab hinsichtlich Lawinenbildung und Lawinenabwehr" festgehalten.

In fünf Sektionen (I: Wetter, Schneedecke und Lawinen, II: Schneedecke und Lawinenverbau, III: Schneedecke und

Ende November 1996 wurde der neue Hauptsitz des SLF an der Flüelastrasse in Davos-Dorf eingeweiht. Bild: SLF.

Vegetation, IV: Grundlagenforschung über Schnee und Eis, V: Hagelforschung) wurde nun die Forschung vorangetrieben. Neue Techniken wie Computer, Elektronik und Automatik hielten ihren Einzug. Der Lawinenwarndienst, der die Aufgabe hatte, Bevölkerung, Touristen, Bergbahnunternehmen, Sicherungs- und Rettungsdienste über die Lawinensituation zu orientieren, wurde ausgebaut. Lange Jahre beschäftigte man sich am SLF auch mit der Hagelbildung, bis dieser Forschungszweig vom Institut losgelöst und nur noch in der Außenstation Locarno-Monti der Schweizerischen Meteorologischen Anstalt weiterbetrieben wurde.

Auf der Schwelle ins 21. Jahrhundert

Den bislang letzten großen Einschnitt in seiner Geschichte erlebte das Institut 1996 zu seinem 60jährigen Bestehen – den Umzug von dem liebgewonnenen „Kloster" auf dem Weissfluhjoch ins Tal, an die Flüelastraße in Davos. Aus Anlaß des Jubiläums und zur Einweihung des neuen Gebäudes wurde auch ein Internationales Symposium veranstaltet: „Der Schnee und seine physikalische, ökologische und ökonomische Bedeutung." Dabei machte selbst das Wetter mit, denn die rund 250 Wissenschaftler aus 15 Ländern erlebten den Schnee während dieser drei Tage nicht nur in der Theorie: Pünktlich Mitte November hatte in Davos der Winter begonnen, und zwar gleich mit einer überdurchschnittlichen Schneemenge von mehr als vierzig Zentimetern.

Themen der Wissenschaftler waren Fragen der Schneedecke, der Schneephysik, -mechanik und -chemie und deren Einfluß auf Ökologie und Wirtschaft. Gefahrenzonen, Lawinenwarnung und Berechnungsmodelle wurden dabei ebenso behandelt wie Schnee- und Klimaänderung,

Kunstschnee oder der wirtschaftliche Aspekt von Sicherheitsmaßnahmen in lawinengefährdeten Gebieten.

Die Thematik war ein internationales Anliegen, für das sich Fachleute aus den verschiedensten Sparten interessierten: Redner und Gäste stammten aus der Schweiz und aus Deutschland, Frankreich, Italien, Österreich und Spanien, aus Kanada und den USA, Indien, Japan und Rußland, aus Skandinavien und den Balkanländern. Sie vertraten Universitäten und Forschungsinstitute, Bundesämter, Hochschulen und verschiedene andere Institutionen; sie kamen aus Forschung, Technik und Wissenschaft, aus der Bau- und Planungs-, der Tourismus-, Versicherungs- und Verkehrsbranche.

Am Schluß des dreitägigen Symposiums fand der eigentliche Festakt zu „60 Jahre Schnee- und Lawinenforschung in Davos" statt, gleichzeitig mit der Einweihung des neuen Hauptsitzes des SLF. Mit diesem Neubau erhielten alle Mitarbeiterinnen und Mitarbeiter des Instituts einen ständigen Arbeitsplatz in Davos-Dorf, das Gebäude auf dem Weissfluhjoch steht aber den Forschenden nach wie vor zur Verfügung. In seiner Festansprache hielt der ehemalige Direktor des SLF, Marcel de Quervain, Rückschau auf die vergangenen sechs Jahrzehnte, während der Institutsleiter Walter Ammann Organisation und Ziele des neuen Instituts vorstellte und dabei auch einen Blick in die Zukunft warf.

Ziele und Aufgaben des SLF

Rund 50 Mitarbeiterinnen und Mitarbeiter, knapp die Hälfte davon Akademiker, die andere Hälfte Techniker, arbeiten als Ingenieure, Physiker, Naturwissenschaftler, Ökonomen, Geografen, EDV-Fachleute, Versuchstechniker und Sekretariatspersonal am SLF. Da Schneeforscher (oder Nivologe, wie die Fachsprache sagt) kein erlernbarer Beruf ist, ist die interdisziplinäre Zusammenarbeit zwischen den Experten aus den verschiedenen Fachgebieten besonders wichtig. Studenten können am SLF verschiedene Praktika und Diplomarbeiten machen, Doktoranden sich auf ihre Dissertation vorbereiten. Seit 1989 ist das SLF Teil der Eidgenössischen Forschungsanstalt für Wald, Schnee und Landschaft (WSL) und gehört damit auch zum ETH-Bereich (dem Bereich der Eidgenössischen Technischen Hochschulen). Für seine Aufgaben steht ihm ein Budget von gut 5 Millionen Franken zur Verfügung.

Zwei Sektionen beschäftigen sich am SLF mit Forschung, Entwicklung und den entsprechenden Dienstleistungen. Die eine, „Schneedecke & Lawinenbildung", konzentriert sich auf die Erforschung grundlegender physikalischer Eigenschaften des Schnees als Material und als Basis für die Lawinenbildung. Sie verfaßt zudem Gerichtsexpertisen im In- und Ausland und wirkt bei Kursen zur Prävention von Lawinenunfällen mit. Die andere, „Lawinendynamik & Lawinenverbau", erforscht die Dynamik von Lawinen und Windverfrachtungen, um daraus geeignete Verbauungen und andere technische Schutzmaßnahmen zu entwickeln und Lawinenzonen ausscheiden zu können. Sie prüft und berät bei Lawinenschutzprojekten und unterstützt durch die stete Verbesserung entsprechender Richtlinien die Gemeinden bei der Zonenplanung.

Die „Technischen Dienste" und die für „Informatik, Elektronik und Unterhalt der verschiedenen Meßnetze" zuständigen Mitarbeiter und Mitarbeiterinnen stehen den beiden Sektionen in allen ihren theoretischen und praktischen Aufgaben zur Seite. Diese unterstützen ihrerseits mit ihren Forschungsergebnissen die zentrale Aufgabe des Instituts, nämlich die Lawinenwarnung. Als „Task Force" ist sie der Institutsleitung direkt unterstellt und besteht aus den beiden Einheiten „Lawinenwarndienst" und „Lawinenwarnsysteme".

Der Lawinenwarndienst orientiert die Öffentlichkeit im Winterhalbjahr laufend über die Lawinensituation in den Bergen und ist zuständig für die Herausgabe des Lawinenbulletins und weiterer Zusatzinformationen. Auch die Prävention durch Aufklärung und Ausbildung gehört zu den Aufgaben des Warndienstes. In Kursen, Referaten, Lehrschriften und Merkblättern wird das Wissen über Lawinen gefördert. Die Einheit Lawinenwarnsysteme entwickelt Methoden, Instrumente und die nötige Infrastruktur, damit der Lawinenwarndienst seine Aufgabe auf natio-

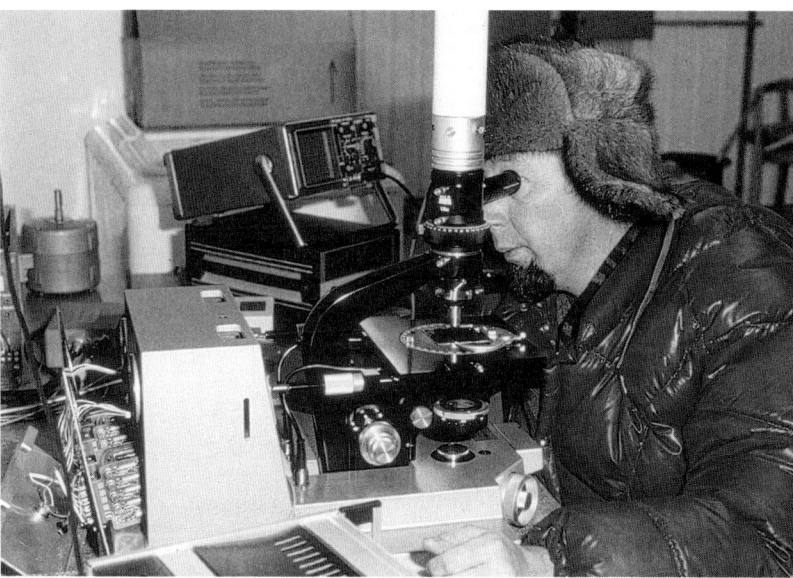

Am PC, im Labor und im Feld arbeiten heute die Nivologen. Theorie, Experiment und numerische Simulation sind die drei sich ergänzenden wissenschaftlichen Arbeitsmethoden. Bilder: SLF.

**Das SLF erbringt seine Leistungen
auf folgenden Gebieten:**

- Forschung, Entwicklung und Dienstleistungen in
  den Gebieten Schnee und Lawinen
- Wissensvermittlung durch Veröffentlichung von
  Forschungsergebnissen, durch Unterricht an den
  Eidgenössischen Technischen Hochschulen und
  anderen Lehranstalten sowie auf Tagungen und
  in Kursen

- Mitwirkung bei der effizienten Umsetzung von
  Forschungsergebnissen in der Praxis
- Unterstützung der akademischen Ausbildung
  (Praktika, Diplomarbeiten, Doktorarbeiten, Post-
  doc-Arbeiten)
- Technische und wissenschaftliche Zusammenar-
  beit mit nationalen und internationalen Fachgre-
  mien und Institutionen

naler, regionaler und lokaler Ebene optimal wahrnehmen kann.

Die zentrale Aufgabe des SLF kann zusammenfassend so formuliert werden: führend sein in Forschung und Entwicklung in den Gebieten Schnee und Lawinen mit dem Ziel, Menschen und Sachwerte zu schützen. Forschung, Dienstleistung und Entwicklung sind darauf ausgerichtet, Schutzmaßnahmen in jeder Beziehung auszubauen und zu verbessern. Neuen Einflüssen wie Klimaveränderungen oder veränderten Gefährdungsszenarien muß dabei Rechnung getragen werden. Während früher die theoretische Forschung und die Experimente im Feld die wichtigsten Tätigkeitsbereiche waren, ist heute die Modellierung mit dem Computer der bedeutsamste Aspekt in der Entwicklung geworden. Theorie, Experiment und numerische Simulation sind die drei sich ergänzenden wissenschaftlichen Arbeitsmethoden.

Schwerpunkte in der Lawinenforschung

Forschung und Dienstleistung sind die beiden Pfeiler des SLF. Dabei spielt das Institut eine wichtige Mittlerrolle zwischen Praxis und Wissenschaft und betreibt nicht einfach Forschung um der Forschung willen. Alle Forschung hat einen möglichst engen Bezug zu den anstehenden praktischen Problemen. Für diese werden Lösungen gesucht, die Erkenntnisse daraus in Dienstleistungen umgesetzt. Dabei kommt auch der Grundlagenforschung ihre Bedeutung zu: Sie ist immer dort unentbehrlich, wo nur mit grundsätzlichen Erkenntnissen auch weitere Fortschritte bei der Lösung praktischer Probleme erzielt werden können.

Doch woran forscht man beim SLF zur Zeit? Was sind in der Lawinenforschung gegenwärtig die wichtigsten Themen?

Damit das SLF seinem gesetzlichen Auftrag zur nationalen Lawinenwarnung nachkommen kann, laufen gegenwärtig mehrere Projekte mit dem Ziel, die Lawinensituation gesamtschweizerisch räumlich und zeitlich besser beurteilen zu können. Dazu gehören etwa der Aufbau und Betrieb automatischer Schnee- und Wetterstationen, die Einbindung der SLF-Beobachter in das Datenkommunikationsnetz, die Entwicklung von Expertensystemen zur raschen Interpretation von Meß- und Beobachtungsdaten oder die kundenfreundliche Darstellung der Warninformationen.

Eine andere zentrale Aufgabe des SLF sind die Informationen über Schnee, Wetter und Lawinensituationen, die während des ganzen Jahres gesammelt und jeweilen im „Winterbericht des SLF" zusammengetragen werden. Die 60 bis heute entstandenen Winterberichte sind eine Fundgrube an Informationen nicht nur für Lawinenspezialisten, sondern auch für Klimatologen und Hydrologen.

Ein weiterer Schwerpunkt bildet die Erfassung der Bewegung von Fließ- und Staublawinen entlang ihrer Sturzbahn mittels Computer. Damit sollen genauere Aussagen über auftretende Lawinenkräfte und über die Reichweite von Lawinen gemacht werden. Diese Aussagen sind gerade bei der Raumplanung und der Ausscheidung von Bauverbotszonen besonders wichtig. Doch diese rechenintensiven Computermodelle müssen mit entsprechenden Versuchen und Beobachtungen in der Natur verifiziert werden.

Intensiv geforscht wird nach wie vor auch an der Frage, wie und warum Lawinen entstehen. Warum löst sich bei scheinbar gleichen Bedingungen einmal eine Lawine und ein andermal nicht? Heute existieren zahlreiche Erklärungsversuche, Theorien, Ansatzpunkte und Beschreibungen. Zu erhoffen sind noch deutlichere Antworten auf diese Fragen, auch wenn wahrscheinlich eine genaue Lawinenvorhersage nie möglich sein wird. Dafür ist die Materie viel zu

komplex. Auch bei dieser Thematik spielt der Computer eine große Rolle, ebenso die dazu erforderlichen komplizierten Versuche an Schneeproben im Kältelabor und im Feld.

Die Dienstleistungen des SLF umfassen eine breite Palette verschiedener Tätigkeiten. Dazu gehören auch lawinentechnische Gutachten als eine der Grundlagen zur Konzessionserteilung neuer Bergbahnen und Skilifte, die Beurteilung von Lawinenschutzprojekten oder Expertisen für die Gerichte bei Lawinenunfällen und bei Zonenplanstreitigkeiten. Besonders wichtig ist auch die Erarbeitung von Richtlinien, in denen wissenschaftliche Erkenntnisse in praxisgerechter Form aufgearbeitet werden.

In Zukunft wird sich das SLF noch stärker mit klimatologischen und ökologischen Fragestellungen abzugeben haben. So wird untersucht, welchen Einfluß die von Lawinenverbauungen länger zurückgehaltene Schneedecke auf den darunterliegenden gefrorenen Boden (Permafrost) hat oder welche Bedeutung der Schneedecke bei der temporären Speicherung von Schadstoffen zukommt.

Immer zentraler wird dabei die Frage der rückläufigen Finanzen und der Forderung nach einem möglichst optimalen Einsatz der verbleibenden Mittel. Das SLF arbeitet intensiv an der Erstellung von Richtlinien, mit denen die Wirtschaftlichkeit von geplanten Lawinenschutzmaßnahmen überprüft werden kann. In diese finanziellen Überlegungen sind zunehmend die Fragen des Unterhalts und der allfälligen Erneuerung bestehender Schutzbauwerke einzubeziehen. Rund 2 Milliarden Franken wurden in den letzten Jahrzehnten in den Lawinenschutz investiert.

Doch knappe finanzielle Mittel sind auch eine Chance, weil Fantasie und neue Ideen – auch in bezug auf neue Projektpartner – gefordert sind. Das SLF ist deshalb bemüht, vermehrt mit der Industrie und mit dem Tourismus zusammenzuarbeiten und sich insbesondere an europäischen und internationalen Forschungsprojekten zu beteiligen. Hier zeigen sich allerdings zunehmende Schwierigkeiten mit dem Abseitsstehen der Schweiz von Europa: So kann das SLF keine Koordinationsrolle in einem europäischen Projektverbund übernehmen, ein Umstand, der sich bei der Mittelverteilung nachteilig auswirkt.

Mit einigen Ländern pflegt das SLF eine bilaterale Zusammenarbeit. So erfolgt beispielsweise mit einem ähnlichen Institut in Indien ein regelmäßiger Austausch von Wissenschaftlern, und das SLF berät die Türkei – unterstützt von der IDNDR, der Internationalen Dekade zur Bekämpfung der Naturgefahren – beim Aufbau eines nationalen Lawinenwarndienstes und schult türkische Ingenieure auf dem Gebiet des Lawinenschutzes. Eine enge Zusammenarbeit auf dem Gebiet der Schneemechanik besteht mit Wissenschaftlern aus den USA und aus Kanada.

Schnee- und Lawinenforschung in Davos

Doch wie funktioniert nun Schnee- und Lawinenforschung im Alltag, wie kommen die Wissenschaftler zu ihren Erkenntnissen? Nun, was für den Chemiker sein Labor, ist für den Schneeforscher sein Versuchsfeld. Hier findet Wissenschaft tatsächlich statt, hier wird die Materie untersucht, werden Daten gewonnen und zur Auswertung weitergeleitet. Doch jeder Feldstudie liegt auch die theoretische Forschung zugrunde. Und ebenfalls nicht mehr wegzudenken aus dem Alltag der Wissenschaftler ist die Modellierung mit dem Computer. So bewegen sich die Schnee- und Lawinenforscher in den drei sich ergänzenden Arbeitsbereichen Theorie, Experiment und numerische Simulation.

Forschung im Feld

Seit dem 11. November 1936 wird auf dem 2536 m hoch gelegenen Versuchsfeld rund 200 m unterhalb des Weissfluhjochs die Höhe der Schneedecke gemessen. 64 cm zeigte die Meßlatte an diesem Tag. Seither werden auf diesem Versuchsgelände täglich Neuschneemenge und Gesamtschneehöhe, Wind- und Wetterdaten, Temperatur, Feuchtigkeit und Schneebeschaffenheit gemessen und beobachtet. Dieses Versuchsfeld befindet sich abseits der vielen Pisten des Skigebiets Parsenn, denn die Wissenschaftler benötigen für ihre Arbeit unberührten Schnee. Wahrscheinlich ist dieser Schnee der am besten untersuchte in ganz Europa, wenn nicht sogar weltweit, und die Informationen, die die Wissenschaftler aus ihm gewinnen, stehen der Forschung, der Schweizerischen Meteorologischen Anstalt (SMA) für die Wettervorhersage und dem Lawinenwarndienst für das Lawinenbulletin zur Verfügung.

Seit über dreißig Jahren ist Ernst Beck als Techniker und Lawinenexperte für dieses Versuchsfeld verantwortlich.

1964 kam er zum SLF – und blieb. Der Arbeitsort Davos, der mit den Skiern zurückzulegende Arbeitsweg, aber auch eine gewisse Freiheit bei der Arbeit haben ihn zum Bleiben bewogen, auch wenn in all den Jahren seine großen Forschervisionen doch eher einer vernünftigen Zweckphilosophie gewichen sind.

Nur mit lockeren Seilen ist das 25 mal 25 Meter große, horizontale Versuchsfeld von dem übrigen Gelände abgetrennt. Fähnchen, Stangen und Gerüste ragen in die Höhe, an denen Meß- und Kontrollgeräte für die Erhebung der verschiedenen Wetterparameter montiert sind. Ein kleiner Schuppen neben dem Gelände enthält die Geräte für die

Seit über 30 Jahren arbeitet Ernst Beck im Versuchsfeld des SLF rund 200 Meter unterhalb des Weissfluhjochs. Bild: SLF.

Das Versuchsfeld liegt abseits der befahrenen Pisten, denn der Schnee muß für die verschiedenen Versuche „unberührt" sein. Bild: SLF.

täglichen Standardmessungen; in einem winzigen, geheizten Räumchen steht ein Computer bereit, mit welchem die Informationen via Eingabemaske direkt dem Lawinenwarndienst zur Erstellung des Lawinenbulletins übermittelt werden.

Ein größerer Geräteschuppen enthält ein kleines Pistenfahrzeug, die Apparate für Spezialuntersuchungen und diejenigen für temporäre Experimente, denn das Versuchsfeld steht ebenfalls für verschiedene wissenschaftliche Ver-

suche zur Verfügung. Auch Berechnungen und Simulationsmodelle durch Computer müssen immer wieder mit Kontrolluntersuchungen im Feld verifiziert werden.

Viele der Wetterparameter werden automatisch gemessen: So übermitteln die SMA-Geräte die erhobenen Daten alle zehn Minuten nach Zürich. Daß Daten rund um die Uhr gesammelt werden können, ist für Ernst Beck der große Vorteil der automatischen Messungen, doch für ihn haben sie auch gewaltige Nachteile: Nicht nur stehen

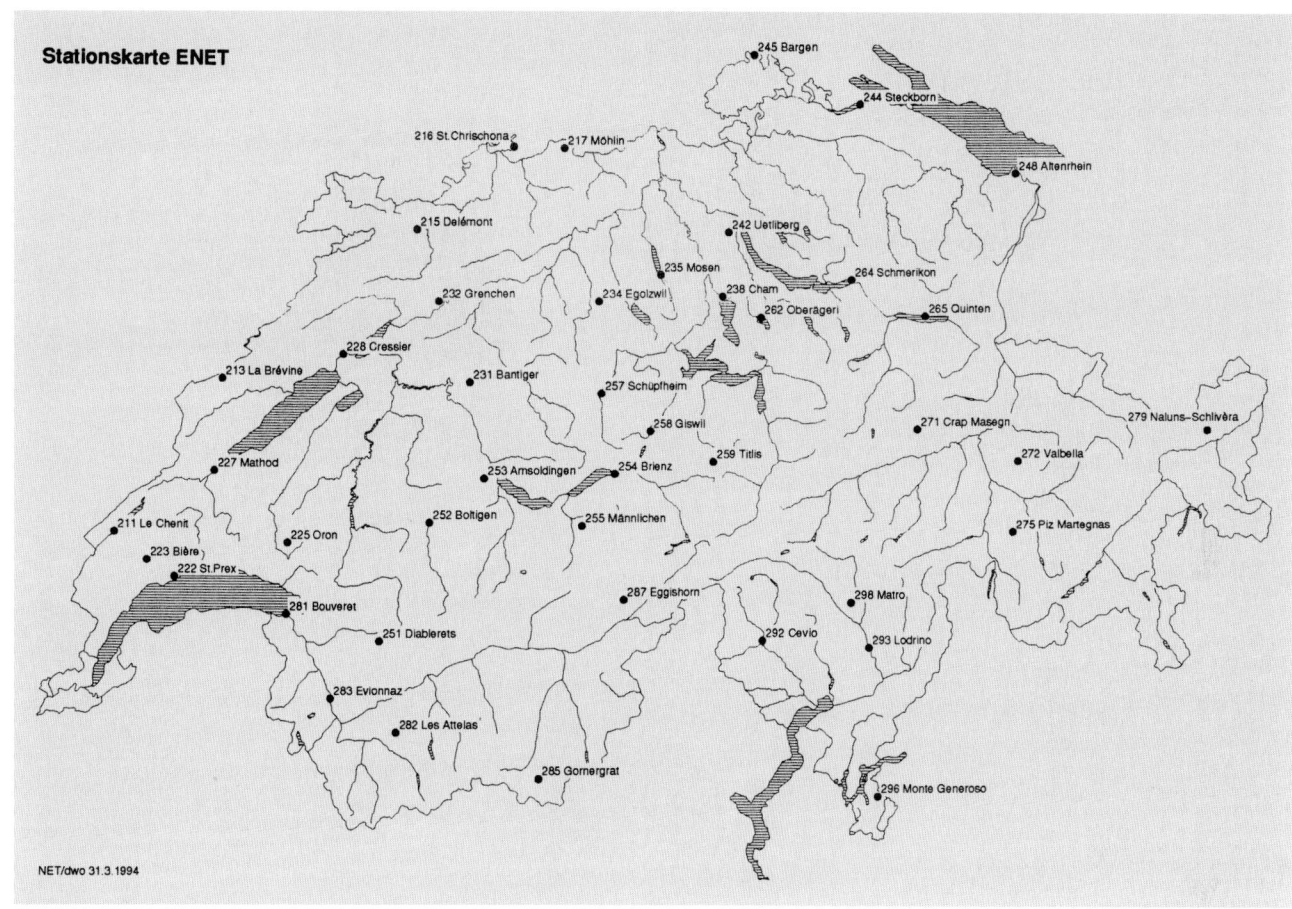

Stationskarte ENET

245 Bargen
244 Steckborn
216 St.Chrischona   217 Möhlin   248 Altenrhein
215 Delémont
242 Uetliberg
235 Mosen   264 Schmerikon
232 Grenchen   234 Egolzwil   238 Cham
262 Oberägeri   265 Quinten
228 Cressier
213 La Brévine   231 Bantiger
257 Schüpfheim   271 Crap Masegn   279 Naluns-Schlivèra
258 Giswil   272 Valbella
227 Mathod   253 Amsoldingen   254 Brienz   259 Titlis
211 Le Chenit   252 Boltigen   255 Männlichen   275 Piz Martegnas
223 Bière   225 Oron
222 St.Prex   287 Eggishorn   298 Matro
281 Bouveret   292 Cevio   293 Lodrino
251 Diablerets
283 Evionnaz
282 Les Attelas   285 Gornergrat   296 Monte Generoso

NET/dwo 31.3.1994

Lageplan des „automatischen meteorologischen Ergän-
zungsnetzes" (ENET). An 33 Standorten, von denen 10 im
Gebirge liegen, werden Wind, Druck, Lufttemperatur,
Feuchte, Niederschlag, Sonnenscheindauer, Strahlung,
Schneehöhe und Schneetemperaturen vollautomatisch
gemessen. Bild: SLF.

Die automatisch gemessenen Daten werden von solchen Meßstationen der Schweizerischen Meteorologischen Anstalt (SMA) alle 10 Minuten nach Zürich übermittelt. Bild: SLF.

Die Neuschneemessung allerdings kann nicht automatisch durchgeführt werden. Beobachter melden täglich die gemessene Neuschneemenge nach Davos. Bild: SLF.

die automatischen Meßgeräte oft an für Reparaturen beinahe unzugänglichen Orten. Schlimmer noch, der Schnee sei eine dermaßen komplexe Materie – daneben bestünde eine Abfallhalde geradezu aus homogenem Material – daß automatische Messungen immer nur Daten aus Teilbereichen erheben könnten. So kann die Neuschneemenge nicht automatisch gemessen werden, und eine Einschät-

zung der Lawinengefahr kann keine noch so gute automatische Meßstation vornehmen; sie liefert höchstens gewisse Angaben dazu. Auch Wettererscheinungen wie die Bewölkungsdichte und die meteorologische Sicht können nicht automatisch gemessen werden, die nimmt Ernst Beck immer noch mit bloßem Auge und viel Erfahrung wahr.

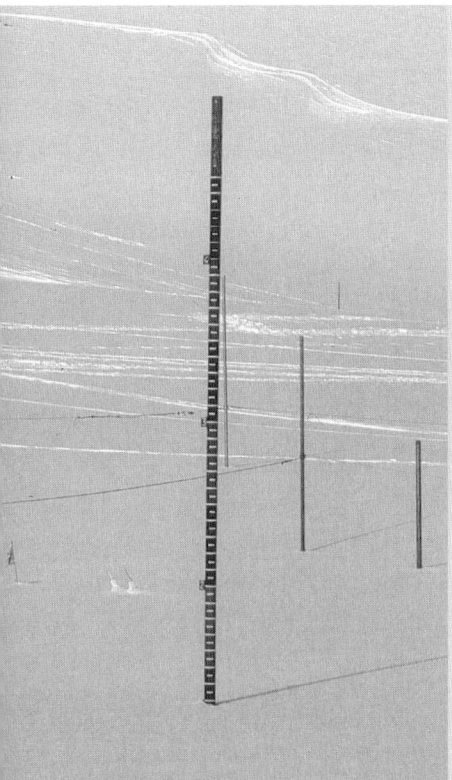

Das Versuchsfeld des SLF

Erste Messung:	11. November 1936: (64 cm)
Tiefste Lufttemperatur:	– 30°C
Höchste Lufttemperatur:	+ 15°C
Höhe des Versuchsfelds:	2536m
Durchschnittlicher Einschneiungstermin:	Mitte Oktober
Frühester Einschneiungstermin:	6. September 1984
Durchschnittliche Ausaperung (Abtauen der Schneedecke):	Mitte Juni
Späteste Ausaperung (Abtauen der Schneedecke):	16. August 1980
Durchschnittliche Dauer des Winters:	266 Tage
Kürzester Sommer:	54 Tage (1975)
Durchschnittliche Höhe der Schneedecke:	220 cm
Höchstwert:	366 cm (9. März 1945)
Größte Schneemenge in 24 Stunden:	104cm (14. Februar 1990)

Seit 1936 zeigt der Niederschlagspegel auf dem Versuchsfeld die Gesamthöhe der Schneedecke an. Bild: SLF.

Der „Fritz-Brändli-Hang"

Täglich wird das Versuchsfeld von einem Mitarbeiter des Instituts besucht. Besuchen klingt allerdings viel harmloser, als es ist. Durch den Tiefschnee hinunterfahren, und zwar bei jedem Wetter, anschließend die Mittelstation des Skilifts erreichen oder wieder hinaufsteigen ist damit gemeint. In die Geschichte eingegangen ist dabei das Erlebnis des Technikers Fritz Brändli. Dieser fuhr im Februar 1956 zum Versuchsfeld hinunter, um dort die üblichen Messungen vorzunehmen. Niemand bemerkte, daß Brändli nicht zur Zeit wieder zurückkehrte; erst beim Mittagessen, als sein Platz leer blieb, machten sich seine Kameraden Gedanken. Die Suppe wurde warm gestellt, der damalige Direktor Marcel de Quervain forderte die Mitarbeiter auf, sich sofort auf

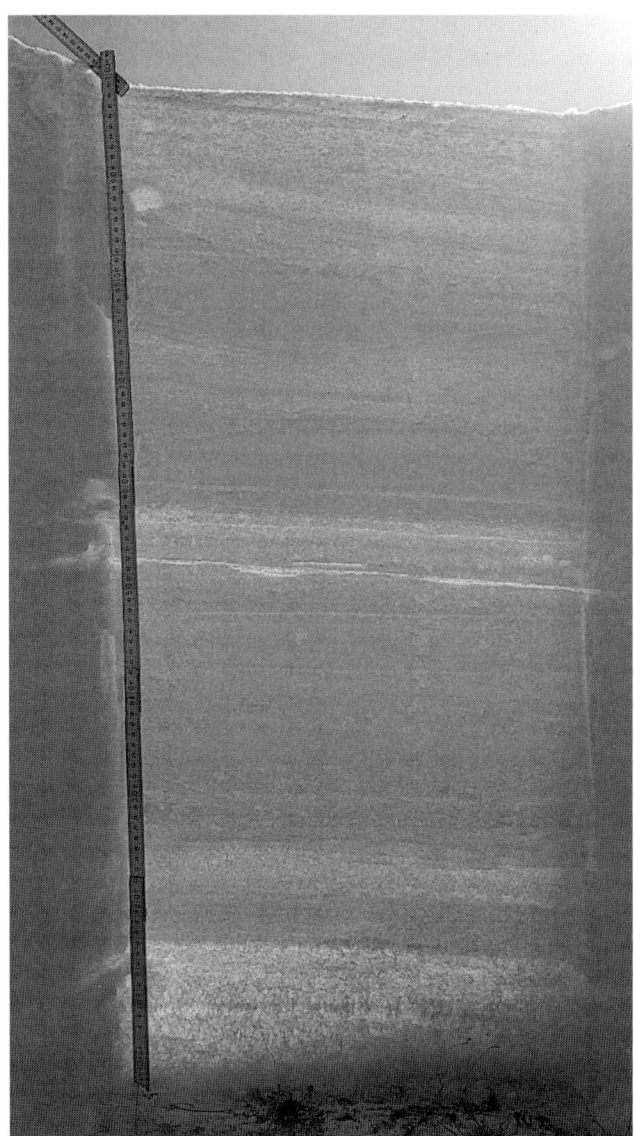

Oben: Mit der Lupe können auf dem Schneeraster die Größe und Form der verschiedenen Kristalle und Schneekörner festgestellt werden. Bild: SLF.

Unten: Mit der Faust, dem Finger, einem Bleistift oder einem Messer wird der Härtewert einer Schneedecke geschätzt. Bild: SLF.

Deutlich sichtbar werden im durchscheinenden Schneeprofil die verschiedenen Schichten in einer Schneedecke. Bild: SLF.

die Suche nach Fritz Brändli zu machen. Die Gruppe schwärmte aus, der Vermißte wurde auf dem Wegstück zur Mittelstation der Parsennbahn gefunden: Er steckte bis zum Hals in einem Schneebrett, das er selber ausgelöst hatte. Er hatte keine Chance gehabt, sich selbst daraus zu befreien, und obwohl er nur wenige Meter neben dem Bahngleis im Schnee eingegraben war, hatte ihn durch die vereisten Fenster der Bahn niemand gesehen, und niemand hatte sein Schreien gehört. Mit leichter Unterkühlung wurde er von seinen Kameraden aus seiner mißlichen Lage befreit. Der Steilhang, an dem er verschüttet wurde, bekam den Namen „Brändli-Hang" und wird heute bei Gefahrensituationen gemieden; Institutsmitarbeiter müssen sich seither ab- und wieder zurückmelden, wenn sie für Feldarbeiten das Hauptgebäude verlassen. André Roch, früherer leitender Mitarbeiter am Institut, soll dazu gesagt haben, eine Lawine wisse eben nicht zwischen einem Experten und einem Skitouristen zu unterscheiden ...

Das Schneeprofil

In der Schweiz gibt es rund 80 Beobachtungsstationen, in denen täglich die gleichen Standardmessungen und Beobachtungen wie auf dem Versuchsfeld auf dem Weissfluhjoch vorgenommen werden. Diese Stationen sind alle mit PC und Modem ausgerüstet, damit die erhobenen Daten umgehend dem Lawinenwarndienst in Davos übermittelt werden können. Damit ein Lawinenbulletin umfassend erstellt werden kann, muß es Daten über Schnee und Wetter aus möglichst vielen Regionen berücksichtigen können. Ferner müssen in regelmäßigen Abständen auch Untersuchungen der gesamten Schneedecke durchgeführt werden.

Alle zwei Wochen – in diesem Abstand werden Änderungen in der Schneedecke deutlich sichtbar – machen die vom SLF ausgebildeten Beobachter einen Schnitt durch die gesamte Schneedecke. Je nach niedergefallener Schneemenge muß auf diese Weise ein Schacht von über drei Metern Tiefe gegraben werden. Selbst für Laien werden auf diese Weise die verschiedenen Schneeschichten des laufenden Winters sichtbar, von der körnigen Altschneeschicht in Bodennähe bis hin zu den feinen Schneesternen des letzten Schneefalls. Experten ersehen aus den verschiedenen Schichten aussagekräftige Hinweise auf die bestehende Lawinensituation, denn jede Schneeschicht stellt durch das unterschiedliche Stadium ihrer Metamorphose eine unterschiedlich feste Schicht dar.

Die einzelnen Stadien der Schneeumwandlung in den verschiedenen Schichten bestimmen die Beobachter mit der Lupe und einem Schneeraster, auf den sie Schnee aus den verschiedenen Schichten schaben. Dieser Schneeraster ist ein in Quadratmillimeter eingeteiltes Blech, mit Hilfe dessen die Größe der Schneekörner besser geschätzt werden kann. Mit der Lupe sind darauf deutlich die filigranen Schneesterne und der körnige Altschnee, Oberflächenreif, Filzschnee und die zerbrechlichen Becherkristalle des Schwimmschnees zu unterscheiden. Über den Aufbau der Schneedecke wird mit Symbolen für die verschiedenen Arten der Schneekristalle Buch geführt.

Wird die Schachtwand von Hand, mit der Lawinenschaufel oder dem Schneeraster abgekratzt, werden diese einzelnen Schichten sofort sicht- und fühlbar. Während weiche Schichten bei Berührungen Vertiefungen ergeben, treten harte Schichten deutlich hervor. Mit dem Handtest kann nun eine ungefähre Prüfung der Schneedeckenfestigkeit vorgenommen werden: Je nachdem, ob sich die ganze Faust, vier oder ein Finger, ein Bleistift oder ein Messer in eine Schneeschicht hineinstoßen lassen, kann der Härte-

Ramm- und Schichtprofil zusammen geben deutliche Hinweise auf den Aufbau einer Schneedecke. Bild: SLF.

wert der Schneedecke von „sehr weich" bis „sehr hart" geschätzt werden.

Der Schneedeckenaufbau läßt sich auch auf einer präparierten dünnen Schneewand im Gegenlicht (durchscheinendes Schneeprofil) ablesen. Dunklere Schichten sind solche, die aus feinen, festen Schneekörnern bestehen und eher hart sind, während hellere Schichten auf grobkörnige, lose Becherkristalle und damit auf eine zerbrechliche Unterlage hinweisen.

Bei dieser vierzehntägigen Aufnahme des Schneeprofils wird auch in Abständen von 10 cm die Schneetemperatur gemessen und in fünf Stufen von „trocken" bis „sehr naß" der Feuchtigkeitsgrad jeder einzelnen Schneeschicht bestimmt. Gleichzeitig wird ein farbiger Faden auf die Schneedecke ausgelegt. Nach vierzehn Tagen und weiteren Schneefällen lassen sich an Hand dieses Fadens, der einem genauen Datum zugeordnet werden kann, die Setzung der Schneedecke und Änderungen darin verfolgen.

Das Rammprofil

Ein noch immer gebräuchliches Meßinstrument für die Festigkeit der Schneedecke ist die Rammsonde, die von Robert Haefeli, einem der Pioniere der Schneemechanik, bereits vor dem Zweiten Weltkrieg entwickelt wurde: Ein Rohr mit kegelförmiger Spitze, einer Zentimeterskala und einem Gewicht von einem Kilo wird auf die Schneeoberfläche gesetzt und losgelassen. Dieses erste Eindringen entspricht der Einsinktiefe, die auch bei den täglichen Standardmessungen erhoben wird. Beim Rammprofil wird nun aber die Härte der verschiedenen Schneeschichten bis auf den Boden gemessen. Dazu wird ein Gewicht von einem Kilo, der sogenannte Rammbär, auf das Rohr aufgesetzt und fallengelassen. Durch mehrmaliges Heben

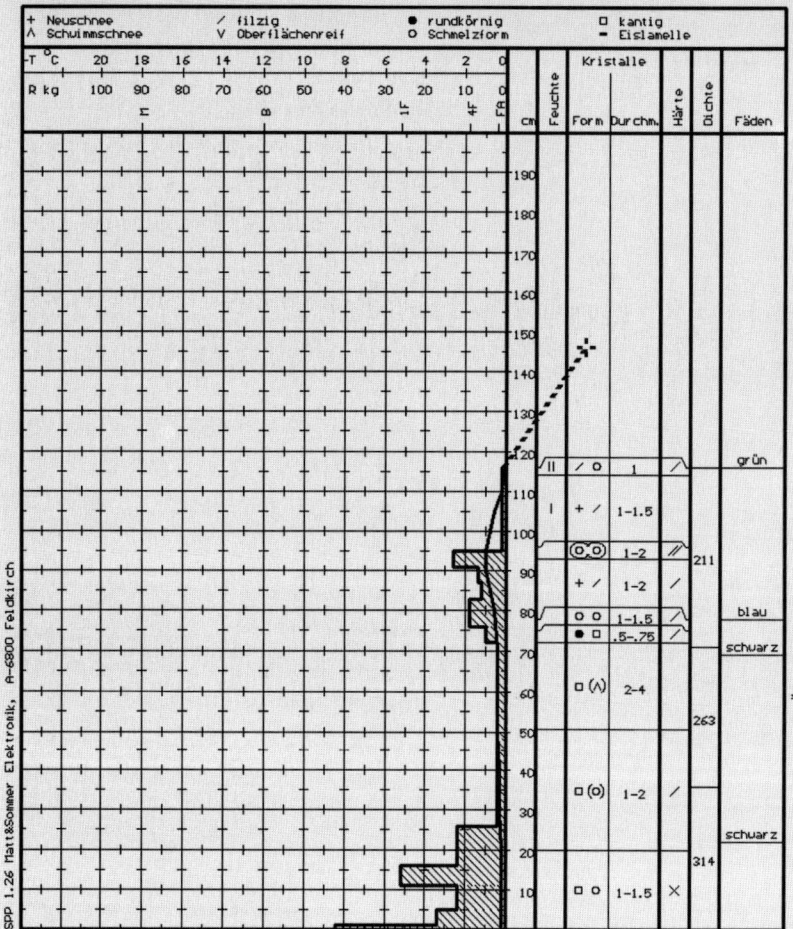

Je nach Größe des Rammwiderstandes kann mit festen oder muß mit schwachen Schneeschichten gerechnet werden. Bild: SLF.

und Fallenlassen dieses Rammbären dringt das Spitzrohr immer tiefer in den Boden ein. Aus der Höhe, aus der das Rammgewicht fallengelassen wird, der Anzahl Schläge, und dem Gewicht des Rammbären läßt sich der Rammwiderstand berechnen und ein Rammprofil erstellen. Je nach Rammwiderstand kann mit festen Schichten (über 50 kp) oder muß mit schwachen (weniger als 5 kp) gerechnet werden.

Dünne Schwachschichten in der Schneedecke kann die Rammsonde allerdings nicht erfassen. Aus diesem Grund wird zur Zeit am SLF ein neues Instrument, das Penetrometer, entwickelt. Dieses Meßgerät soll Schichten bis zu 2 mm Dicke erfassen können. Noch werden solche Versuche im Labor und am Ersatzmaterial Schaumstoff ausgeführt, die Experten hoffen jedoch, mit dem Penetrometer Messungen des Rammwiderstands im Feld zu vereinfachen und damit auch den Zusammenhang zwischen Eindringwiderstand und Zug-, Druck- und Scherfestigkeit einer Schneedecke besser bestimmen zu können.

Rammprofil und Schichtprofil sind zwei sich ergänzende Messungen über die Härte und Festigkeit einer Schneedecke. Sie werden schließlich miteinander verglichen und auf einer Tabelle kombiniert eingetragen. Die Daten aus diesen Tabellen stützen die Erstellung des Lawinenbulletins. Als Standardmessungen dienen sie auch als Vergleich für weitere Forschungsarbeiten.

Der Rutschblocktest

Besonders geübte und berggängige Beobachter erstellen regelmäßig auch ein Schneeprofil an einer beliebigen Stelle im Anrißgebiet einer möglichen Lawine. In diesem Gelände wird zur Überprüfung der Schneedeckenfestigkeit immer auch ein Rutschblocktest durchgeführt. Da mit diesem Test der naturgetreue Scherbruch eines Schneebretts simuliert werden kann, gibt er vor allem Auskunft darüber, ob eine Schneedecke einer bestimmten Belastung durch Skifahrer auch standhalten würde.

Das Prinzip des Rutschblocktests ist einfach: Zuerst muß ein block- oder keilförmiger Teil der Schneedecke auf allen Seiten auf einer Länge von rund zwei Metern freigelegt werden. Danach wird dieser freigelegte Block immer mehr belastet. Aus der benötigten Belastung bis zu seinem Abgleiten läßt sich die Festigkeit der Schneedecke abschätzen. Löst sich der Block bereits beim Graben, Sägen oder Wippen, gilt der Hang als gefährlich und darf nicht betreten werden. Löst sich der Block oder der Keil beim Sprung mit den Skis darauf, gilt er zumindest als verdächtig und sollte nur mit besonderen Vorsichtsmaßnahmen begangen werden. Läßt sich der Block überhaupt nicht oder erst nach mehrmaligem Daraufspringen ohne Skier bewegen, gilt der Hang als sicher.

Mit dem Rutschblocktest kann der naturgetreue Scherbruch eines Schneebretts simuliert werden. Bild: SLF.

Handtest zusammen doch eine recht zuverlässige Auskunft über den Aufbau einer Schneedecke.

Scherfestigkeitsmessungen
Bei der herkömmlichen Methode zur Messung der Scherfestigkeit entfernt der Forscher in einem potentiellen Lawinenhang den Schnee bis auf wenige Zentimeter über einer Schwachschicht. Darauf setzt er den Lamellen-Scherrahmen und befestigt daran eine Federwaage. Über diese Federwaage mißt er die hangparallele Kraft, die notwendig ist, damit die schwache Schicht zerbricht. Allerdings kann die Belastungsgrenze immer nur örtlich ermittelt werden,

Der Rutschblocktest ist nur ein Hilfsmittel, das ergänzend für die Beurteilung der Lawinengefahr eingesetzt wird. Er kann auch von einer Tourengruppe gemacht werden, die vor einer Hangüberquerung ein möglichst gutes Bild über dessen Stabilität gewinnen möchte. Da durch die Ausgrabung eines Rutschblocks auch immer ein Schichtprofil entsteht, an dem zumindest mittels Handtest die Schichthärten geprüft werden können, geben Rutschblock- und

Über eine Federwaage wird die hangparallele Kraft gemessen, die aufgewendet werden muß, damit eine schwache Schicht zerbricht. Bild: SLF.

Nur die dicke Labortüre weist daraufhin, daß im Kältelabor unter arktischen Bedingungen gearbeitet und geforscht wird. Bild: SLF.

denn die Scherfestigkeit kann sich je nach Schneeart, Wetter und Gelände innerhalb von Stunden schon wieder verändern.

Forschung in Büros und Labors

Im EDV-Bereich ist inzwischen dank der Analyse Tausender von Daten beinahe jede Art der Darstellung möglich. Die Entwicklung von Simulationsmodellen für einzelne Prozesse ist ein zunehmend wichtigerer Forschungsschwerpunkt des SLF. Gegenwärtig versucht man, die Eigenschaften der Schneedecke zu simulieren. Ziel einer solchen Simulation ist es, die Schneedecke in jeder Exposition und Höhenlage im Modell darstellen zu können. Aus den Eingaben Niederschlag, Wind, Einstrahlung, Luftfeuchtigkeit, Lufttemperatur und Bewölkung werden mittels verschiedener Differentialgleichungen numerische Lösungen für Dichte, Korngröße und Kornform, Wassergehalt und Energiebilanz an der Oberfläche einer Schneedecke dargestellt. Alle Eingaben können im Computer immer wieder variiert werden; auf diese Weise kann eine Vielzahl verschiedener Situationen und Möglichkeiten dargestellt werden.

Doch alle theoretischen Modelle müssen mit Felduntersuchungen verglichen und validiert werden, sollen sie allgemeine Gültigkeit bekommen. Diese Vergleichsserien zwischen Untersuchungen im Feld und im Modell spielen auch im SLF eine zentrale Rolle. Das Endziel ist aber, daß eines Tages die Eingabe aktueller Wetterdaten ausreichen soll, um die Beschaffenheit der Schneedecke an einer beliebigen Lage zu simulieren. Damit wäre die Lawinenforschung an einem Wendepunkt angelangt: Es wäre der Übergang vom Arbeiten im Versuchsfeld, also in der Natur, zur Analyse am Bildschirm.

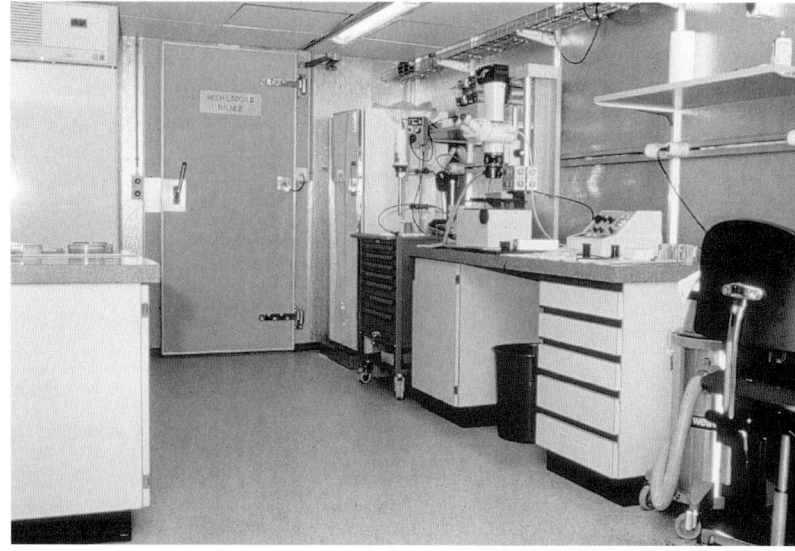

Im Kältelabor

Ein weiterer Forschungsschwerpunkt im SLF ist die Nachbildung von Prozessen und Ergänzungsmessungen unter kontrollierten Bedingungen in Kältelabors. In den vier Kältelabors auf dem Weissfluhjoch wird der Schnee bei −5 bis −20 Grad in seinem genauen Aufbau, seiner Entstehung und seiner Struktur detailliert untersucht. Dazu werden Schneeproben aus dem Feld entnommen und in einer organischen Lösung, in geschwärztem Diethylphtalat, das erst bei -10°C zu gefrieren beginnt, konserviert.

In den Kältelabors wird die Oberfläche dieser praparierten Schneeproben glattgefräst. Von den verschiedenen Anschnitten werden mit einer Videokamera Bilder aufgenommen und direkt auf Computer gespeichert. Durch die geschwärzte Phtalsäure sind die Luftporen sichtbar geworden, je nach Schneeart (ob flockiger Neuschnee oder schon alter Firnschnee) ist der hohe Luftanteil zu erkennen (schwarz = Luft, weiß = feste Eisteilchen).

Dank dieser Anschnittechnik sind die einzelnen Stufen der Schneeumwandlung deutlich erkennbar. Im Kältelabor können die so präparierten Kornformen konserviert, und

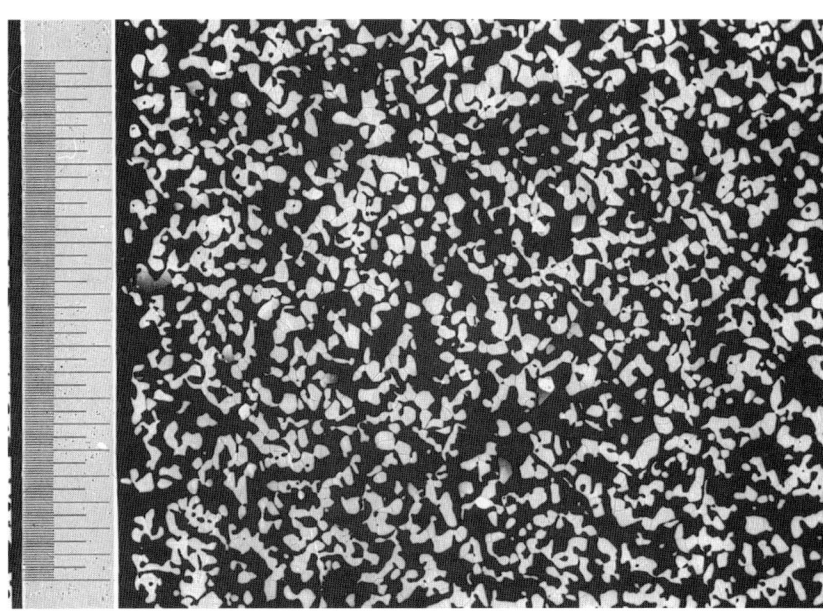

Die Oberfläche von speziell präparierten Schneeproben wird glattgefräst. Bild: SLF.

Im Anschnitt sind die Eiskörner als weiße und die Luft als schwarze Substanz sichtbar. Bild: SLF.

es kann mit ihnen experimentiert werden. Ebenfalls können aus diesen Anschnitten dreidimensionale Rekonstruktionen des Schnees gemacht werden, wobei der Zusammenhang zwischen den einzelnen Kornformen noch deutlicher dargestellt wird. Mit solchen Strukturanalysen hoffen die Forscher, immer mehr Aufschluß über die Schneedecke zu gewinnen.

Auch Schwachschichten werden im Labor untersucht: Im Feld wird eine Schneeprobe entnommen, die im Kältelabor mit der Fräse für ein durchscheinendes Profil präpariert wird. Alle Aufnahmen und Ergebnisse werden sofort in den Computer eingegeben. Die Struktur der Schwachschicht, aber auch einzelne Körner und Korngefüge können fotografisch festgehalten und im Computer für weitere Experimente und Modellierungen gespeichert werden.

Im Rotationszerreißapparat wird die Zugfestigkeit des Schnees geprüft, der dabei an seiner schwächsten Stelle zerbricht. Aus der Drehzahl, die bis zu diesem Zeitpunkt erreicht wird, läßt sich seine Festigkeit errechnen.

Zusammenarbeit mit dem Ausland

Das SLF hält in seinem Leitbild fest, daß es für internationale Zusammenarbeit offen ist. Es weiß, daß nur so seine führende Stellung gehalten werden kann. Diese Zusammenarbeit mit dem Ausland hat eine lange Tradition: Bereits nach dem Krieg begannen die Kontakte mit anderen Ländern, und Interessenten aus anderen Alpenländern, aber auch aus Übersee, aus Japan und Indien, besuchten das SLF. Umgekehrt wurden Vertreter des SLF nach Kanada und den USA eingeladen, um dort beim Aufbau verschiedener Forschungsstätten mitzuhelfen. Bereits 1959 und noch einmal 1968 nahm das SLF im Auftrag des Bundes an der Internationalen Glaziologischen Grönlandexpedition, EGIG, teil. Zum ersten Mal seit Kriegsende vereinigte ein Projekt For-

Im Rotationszerreißapparat bricht der Schnee an seiner schwächsten Stelle. Bild: SLF.

In der dreidimensionalen Rekonstruktion des Schnees wird der Zusammenhang zwischen den einzelnen Kornformen noch deutlicher dargestellt. Bild: SLF.

Lawinen-Testgelände im Vallée de la Sionne bei Anzère mit installierter Radar-Versuchseinrichtung für Geschwindigkeitsmessungen von Lawinen. Bild: SLF.

scher aus verschiedenen Ländern zu einer gemeinsamen Aufgabe.

Im Frühling 1965 trafen sich über 100 Schneeforscher und Glaziologen in Davos zu einem Symposium über „Wissenschaftliche Aspekte von Lawinen", zehn Jahre später (1974) in Grindelwald zum Thema „Schneemechanik", und 1986 kam es zum dritten Internationalen Symposium über „Lawinenbildung, -bewegung und -wirkungen".

Auch das im Aufbau begriffene Versuchsfeld des SLF im Vallée de la Sionne im Wallis wird mit internationaler Beteiligung betrieben. In Zusammenarbeit mit Österreich, Frankreich, Spanien und Italien werden dort auch die immer noch rätselhaften Staublawinen erforscht, die von Fließlawinen auf Hindernisse ausgeübten Kräfte gemessen und vieles mehr. Die Geschwindigkeit der zu Tal donnernden Lawinen wird mit speziellen Radargeräten gemessen.

Da die Schweiz nicht Mitglied der EU ist, muß das SLF die Zusammenarbeit mit anderen Ländern auf bilateraler Ebene regeln. So bestehen Verträge mit der Türkei, mit Frankreich und Indien. Daneben arbeitet das SLF mit Forschungsinstituten aus anderen Alpenländern, aus Amerika, Kanada, Rußland, Schottland und Japan in einer Vielzahl von verschiedenen Forschungsprojekten zusammen.

Mensch und Natur – gegeneinander oder miteinander?

Lawinen, Bergstürze und Wildbäche gehörten zum Leben unserer Vorfahren. Im Laufe der Zeit lernten sie, mit diesen Naturgefahren umzugehen. Sie kultivierten das karge Bergland, um daraus einen bewohnbaren Lebensraum zu schaffen. Oft genug erlitten sie dabei Rückschläge, bis sie das richtige Maß von Nutzung und Schonung gefunden hatten. So wurde einerseits der Wald rücksichtslos ausgebeutet, und Bannbriefe mußten die Bergwälder schützen. Andererseits gab es aber auch immer wieder Talschaften, die sich selbst schon früh strenge Maßstäbe anlegten, um damit eine Übernutzung zu vermeiden und sich eine Existenzbasis zu sichern. Oft wurden diese Vereinbarungen auch gegen die Interessen der Grundherrschaft durchgesetzt. Die so gewonnenen Erfahrungswerte gehörten zum Grundwissen der Alpenbewohner: Sie wußten, wohin sie ihre Häuser und Ställe bauen mußten, um vor Lawinen sicher zu sein, und richteten sich darauf ein, im Winter oft wochenlang von der Außenwelt abgeschnitten zu sein.

Doch zu Beginn dieses Jahrhunderts bekam die Alpenwelt plötzlich eine neue Bedeutung: 1891 war das Buch von Fritjof Nansen, „Auf Schneeschuhen durch Grönland", erschienen. Dieses Werk war der Beginn einer neuen Epoche: In Glarus wurde der erste Skiclub der Schweiz gegründet, bald darauf gab es die ersten Skirennen im Berner Oberland. Der Skisport war entdeckt worden, und mit der Erfindung des Automobils erreichte er das ganze Alpengebiet. 1934 wurde in Davos der erste Skilift eröffnet. Von nun an wurden die Alpen immer mehr zum Tummelplatz für Scharen von Flachländern und Naturhungrigen. „Wintersport" hieß die neue touristische Errungenschaft.

Besonders nach dem Zweiten Weltkrieg entstanden Hotels, Feriensiedlungen und Zweitwohnungen, was einerseits zu einer Veränderung der Wohnqualität der einheimischen Bevölkerung, andererseits aber auch zu einem deutlichen wirtschaftlichen Aufschwung in den Bergregionen führte. Der Verkehr nahm zu, das Ortsbild veränderte sich. Saisonale wirtschaftliche Schwankungen, teure Infrastrukturen und immer teurer und rarer werdendes Bauland veränderten die Lebensbedingungen grundsätzlich. Gleichzeitig wurden in den Fremdenverkehrsregionen die Berge oft „pistengerecht" zurechtgestutzt. Alpweiden wurden planiert, und das Landschaftsbild verlor seine Vielfalt. Flechtenbesetzte Geröllhalden, Zwergsträucher, Kuppen und Hügel verschwanden. Zeugen davon sind die Berghänge im Sommer: Totes braunes Gelände statt abwechslungsreiche, blühende Alpweiden erwartet häufig die Wanderer.

In der Schweiz und in Österreich ist im Laufe der Jahrzehnte der Tourismus zu einem der größten Wirtschaftsfaktoren geworden, dabei spielt der Wintertourismus eine zentrale Rolle. Das Geschäft muß florieren, doch ohne Schnee kein Winter, ohne Winter keine Touristen, ohne Touristen kein Geld...

Die immer häufiger werdenden schneearmen Winter und die tendenziell steigenden Wintertemperaturen bedeuten deshalb eine wirtschaftliche Krise für die auf Schnee und Ski fixierten Wintersportorte. Doch kommt der Schnee nicht zur rechten Zeit an den rechten Ort, muß er dorthin gebracht werden, lautet die Devise, denn Skifahrer träumen von schönen, breiten Pisten, auf denen auch bei einer dünnen Schneedecke gefahren werden kann. So wurden in den siebziger Jahren die ersten Beschneiungsanlagen eingerichtet. Diese sind, technisch gesehen, kein Problem. Bereits 1978 wurde die erste in Savognin eingerichtet. Zwanzig kalte Nächte genügten, um eine achtzig Meter breite und dreieinhalb Kilometer lange Piste ohne eine einzige natürliche Schneeflocke entstehen zu lassen. Wasser

Beschneiungsanlagen sind technisch gesehen kein Problem. Ihr Einsatz wirft trotzdem viele Fragen auf. Bild: SLF.

wird unter Druck zu feinen Partikeln versprüht, die sich als künstliche Schneedecke niedersetzen. Doch die verstärkt eingesetzten Schneekanonen werfen, wie der Bergtourismus generell, grundsätzliche Fragen auf. Fitnessparcours, Waldlehrpfade, Parkplätze, Feuerstellen, Waldhütten, Finnenbahnen, Reitwege, Wanderwege, Hunde, Jogger, Spaziergänger, Wanderer, Gleitschirmflieger, Biker, Kletterer, Variantenfahrer und im Winter die Millionen von Skifahrern und Snowboardern – alle wollen sie sich in der Natur wohl fühlen. Immer intensiver erobern neue Sportarten die letzten Refugien der Natur: Freeclimbing, River Rafting und Variantenskifahren stören Pflanzenwuchs und Wildwechsel in den letzten unberührten Lebensräumen. Nicht der Einzelsportler ist dabei ein Problem, sondern die Tatsache, daß jeder Einzelsport auch zum Massensport werden kann.

Maskenball im Hochgebirge

Eines schönen Abends wurden alle
Gäste des Hotels verrückt, und sie
rannten schlagerbrüllend aus der Halle
in die Dunkelheit und fuhren Ski.

Und sie sausten über weiße Hänge.
Und der Vollmond wurde förmlich fahl.
Und er zog sich staunend in die Länge.
So etwas sah er zum ersten Mal.

Manche Frauen trugen nichts als Flitter.
Andere Frauen waren in Trikots.
Ein Fabrikdirektor kam als Ritter.
Und der Helm war ihm zwei Kopf zu groß.

Sieben Rehe starben auf der Stelle.
Diese armen Tiere traf der Schlag.
Möglich, daß es an der Jazzkapelle -
denn auch die war mitgefahren - lag.

Die Umgebung glich gefrornen Betten.
Auf die Abendkleider fiel der Reif.
Zähne klapperten wie Kastagnetten.
Frau von Cottas Brüste wurden steif.

Das Gebirge machte böse Miene.
Das Gebirge wollte seine Ruh.
Und mit einer mittleren Lawine
deckte es die blöde Bande zu.

Dieser Vorgang ist ganz leicht erklärlich.
Der Natur riß einfach die Geduld.
Andre Gründe gibt es hierfür schwerlich.
Den Verkehrsverein trifft keine Schuld.

Man begrub die kalten Herrn und Damen.
Und auch etwas Gutes war dabei:
Für die Gäste, die am Mittwoch kamen,
wurden endlich ein paar Zimmer frei.

Auch wenn man es nicht so drastisch formulieren möchte wie Erich Kästner in dem obigen Gedicht, drängen sich angesichts des Massentourismus im Hochgebirge doch einige Fragen auf: Wie weit soll und darf in die Natur eingegriffen werden, um sie immer wieder den menschlichen Bedürfnissen anzupassen? Wären nicht neue Ideen und alternative Angebote gefragt, statt die Infrastruktur für den Wintersport in immer größere Höhen zu verschieben?

Die Lawinenhänge im Urserental sind völlig abgeholzt. Bild: SLF.

Der Wald, der beste Schutz vor Lawinen

Den größten Schaden aber haben die Menschen – aus Unwissen, sozialer Not, aber auch aus Überheblichkeit –

dem Wald zugefügt. Bereits die Vergrößerung des Lebensraumes vom 12. bis zum 14. Jahrhundert erfolgte auf Kosten des Waldes. Rücksichtslos wurde gerodet, um daraus Brenn- und Bauholz oder Weideland zu gewinnen. Bis in die Mitte des letzten Jahrhunderts wurde dieser Raubbau betrieben. Die großen Schutzwälder verschwanden. Kriegswirren, Brände, Stürme und außerordentliche Lawinenniedergänge taten ihr übriges. Dabei wußten schon die Menschen im Mittelalter von der Schutzwirkung

Seit Jahrhunderten schützt
der Bannwald von Andermatt
das scheinbar extrem gefährdete Dorf sicher vor Lawinen.
Bild: SLF.

Oben: Eine über der Baumgrenze sich lösende Lawine schlägt eine Schneise in den Wald. Gelichteter Wald verliert seine Schutzwirkung. Bild: SLF.
Links: Der Bannbrief von St. Antönien schützte den Wald, indem er den Umgang der Dorfbewohner mit ihm regelte. Bild: SLF.

des Waldes vor Lawinen. Bannbriefe zeugen von diesem Wissen. Sie regelten den Umgang mit dem Schutzwald, verboten die Rodung und erlaubten nur unter Aufsicht eine schonende Nutzung. Der Schutz des Jungwuchses blieb auf diese Weise gewährleistet. Die gemein-

Die Versuchsfläche Stillberg vom Gegenhang aus (Herbst 1995). Der Schattenwurf macht die topographische Gliederung deutlich. Bild: SLF.

same Teilhaberschaft und die Bestrafung der Holzfrevler wurden ebenfalls festgehalten.

Dichter, hochstämmiger Nadelwald ist der effizienteste und kostengünstigste Schutz vor Lawinen. Er verhindert Lawinenanriße und große Triebschneeansammlungen. Eine Tanne beeinflußt die Schneedecke in einem Umkreis von rund 5 Metern: Die Krone fängt den Neuschnee auf; wenn er später auf den Boden fällt, bringt er die Schichtung der Schneedecke durcheinander. Dadurch können sich keine Gleitschichten bilden. Durch die Bäume im Wald wird der Schnee unregelmäßig abgelagert und schmilzt im Frühling schneller weg, weil er, von Nadeln und Ästchen verschmutzt, mehr Sonnenstrahlung aufnimmt.

Der Wald kann in der Regel keinen Schutz bieten, wenn eine Lawine oberhalb der Baumgrenze losbricht. Sie schlägt dann eine Schneise in ihn, er wird beschädigt oder sogar zerstört. Und lichter Wald hat kaum mehr eine Schutzwirkung. Deshalb werden neue Wälder aufgeforstet und lichter Wald mit jungen Baumbeständen wieder geschlossen. Ein Gedicht von Eugen Roth drückt in einfachen Worten die Problematik bei der Aufforstung aus:

„Zu fällen einen schönen Baum,
braucht's eine halbe Stunde kaum.
Zu wachsen bis man ihn bewundert,
braucht er, bedenk es, ein Jahrhundert."

Aufforstungsversuche - das Versuchsgebiet „Stillberg"

Viele Besucher des Dischmatales bei Davos fragen sich, was wohl kurz vor der Teufi an der oberen Waldgrenze die Holzkonstruktionen und die vielen kleinen Bäume bedeuten könnten. Ein Mitarbeiter des Institutes für Schnee- und Lawinenforschung pflegte auf entsprechende Fragen inter-

essierter Touristen zunächst zu scherzen: „Das sind die höchstgelegenen Weinberge Europas!", um erklärend anzufügen: „Am Stillberg wird die Wiederbewaldung eines Lawinenanrißgebietes erforscht."

Nach dem schweren Lawinenwinter 1950/51 wurde auf allen Ebenen die Frage nach Prävention und Schutz vor solchen Katastrophen vermehrt gestellt. Da viele Schadenlawinen unterhalb der Waldgrenze anbrechen, versuchten die verantwortlichen Förster als biologische Maßnahme entsprechende Hänge aufzuforsten.

Doch es zeigte sich schon bald, daß die Aufforstung von hochgelegenen und steilen Hängen nicht einfach ist. Schneebewegungen können die jungen Bäume in den ersten Jahren ausreißen, und die lange Schneebedeckung hindert die Bäume am rechtzeitigen Abschluß ihrer Jahrestriebe. Dadurch werden sie anfällig für Pilzkrankheiten, welche viele Pflanzungen in Lawinenanrißgebieten zerstörten. Zudem wurden die meisten dieser Pflanzungen „in Reih und Glied" ausgeführt, mit einem regelmäßigen Pflanzabstand von 1m. Schon nach wenigen Jahren überlebten oft nur noch vereinzelte Bäumchen.

Diese Mißerfolge verlangten nach genaueren Untersuchungen. Deshalb wurde in den frühen fünfziger Jahren ein Forschungsprogramm zur „Wiederherstellung der oberen

Das Bild zeigt, daß sich Bodenlawinen innerhalb und neben der aufgelösten Verbauung sowie unterhalb der durchgehenden Verbauung bildeten. Die unverbaute Teilfläche wurde schon in früheren Lawinensituationen weitgehend entladen. Bild: SLF.

Waldgrenze" ins Leben gerufen. Daran beteiligten sich die Eidgenössische Anstalt für das forstliche Versuchswesen (EAFV) und das Eidgenössische Institut für Schnee- und Lawinenforschung (SLF), die beiden Institutionen, die seit 1989 zur Eidgenössischen Forschungsanstalt für Wald, Schnee und Landschaft (WSL) zusammengeschlossen sind. Ihr Ziel war es, biologisch und technisch geeignete und finanziell tragbare Verfahren für Aufforstungen in Lawinenanrißgebieten unterhalb der oberen Waldgrenze zu entwickeln. Die Forstpraxis sollte so wissenschaftlich abgestützte Grundlagen für eine erfolgreiche Aufforstung erhalten.

Seit 1955 wird deshalb das zwischen 2000 und 2200 Meter hoch gelegene, 10 Hektar große Versuchsfeld untersucht. Zu diesem typischen Lawinengelände – ein steiler Nordhang, der stark in kleine Tälchen und Rippen gegliedert ist - wurden in den sechziger- und frühen siebziger Jahren die für eine Aufforstung nötigen Fragen gestellt und beantwortet: Wie ist der Boden beschaffen? Wie lange scheint die Sonne? Wie weht der Wind? Wie hoch liegt im Winter der Schnee? Wie häufig und wo gehen Lawinen nieder? Wann schmilzt der Schnee? Welches sind die Luft- und Bodentemperaturen? Welche Pflanzengesellschaft wächst wo? Dabei zeigte sich, daß vor allem die im Versuchsgebiet herrschenden vier Geländetypen (windige Geländerippen, schattige Nordflanken, Lawinenrunsen und sonnige Ostflanken) das Wachstum der Pflanzen beeinflussen. Auch die Höhe spielt vor allem gegen die obere Geländekante (2200m ü.M.) hin eine zunehmend wichtigere Rolle. Gleichzeitig ergaben Pflanzungs-Vorversuche, daß sich Arven, Bergföhren und Lärchen zur Aufforstung am besten eignen. Die Auswertung der topographischen Standortaufnahmen und dieser Pflanzungs-Vorversuche

ermöglichte den nächsten großen Schritt, den Hauptversuch von 1975. Doch vorgängig wurden rund zwei Fünftel der Aufforstungsfläche im Stillberg mit Lawinenverbauungen versehen, da eine der Versuchsfragen lautete: Sind solche Verbauungen für die ersten Jahre einer Aufforstung überhaupt nötig?

Der Hauptversuch 1975

Nach all den Vorarbeiten war es 1975 soweit: 92 000 Pflanzen wurden auf einer 5 Hektar großen Fläche gesetzt. In 4000 Quadrate von 3,5 auf 3,5 Meter wurden jeweils 25 Bäume gepflanzt, pro Quadrat immer nur eine der drei Baumarten, die sich in Vorversuchen als geeignet erwiesen hatten. In dem ganzen Versuchsgebiet entstand so ein Schachbrett von drei Farben, jedes Feld wurde markiert und numeriert, so daß das einzelne Bäumchen jederzeit identifiziert werden konnte.

Zwischen 1975 und 1995 wurden jeden Sommer alle Bäume kontrolliert. Auf Stichprobenflächen wurden zudem

Die Pflanzungsarbeiten im Sommer 1975. Bild: SLF.

ihr Zustand und die wichtigsten Schäden aufgenommen. Eine Wetterstation im Versuchsgelände erfaßte automatisch verschiedenste Klimadaten. Zusätzlich wurden in den vier Hauptgeländetypen während rund zehn Jahren die Boden- und Lufttemperaturen gemessen. Und was sind nun die Ergebnisse nach 20 Jahren Versuchsdauer?

Die drei Baumarten Arve, Bergföhre und Lärche haben unterschiedlich gut überlebt. 1995 lebten noch 72 Prozent der Lärchen, aber nur noch 33 Prozent der Bergföhren und 16 Prozent der Arven. Die Lärche blieb im gesamten Versuchsgebiet gut vertreten. Im Gegensatz dazu hatten Arve und Bergföhre nur noch an den günstigsten Standorten mit der größten Sonneneinstrahlung überlebt.

Ein Vergleich der Überlebensraten der drei Baumarten ergab im Verlauf der 20 Jahre ein wechselndes Bild: Während die Lärche in den ersten Jahren die größten Ausfälle verzeichnete, war sie zum Schluß die weitaus erfolgreichste Art. An den besten Standorten wurde sie mehr als drei Meter hoch, an den schlechtesten weniger als zehn Zentimeter. Da Arve und Bergföhre nur an den günstigeren Standorten überlebt hatten, variierte ihre Höhe weniger; sie lag zwischen etwa dreißig Zentimetern und zwei Metern.

Verschiedene äußere Einflüße hatten in diesen 20 Jahren das Wachstum der drei Baumar-

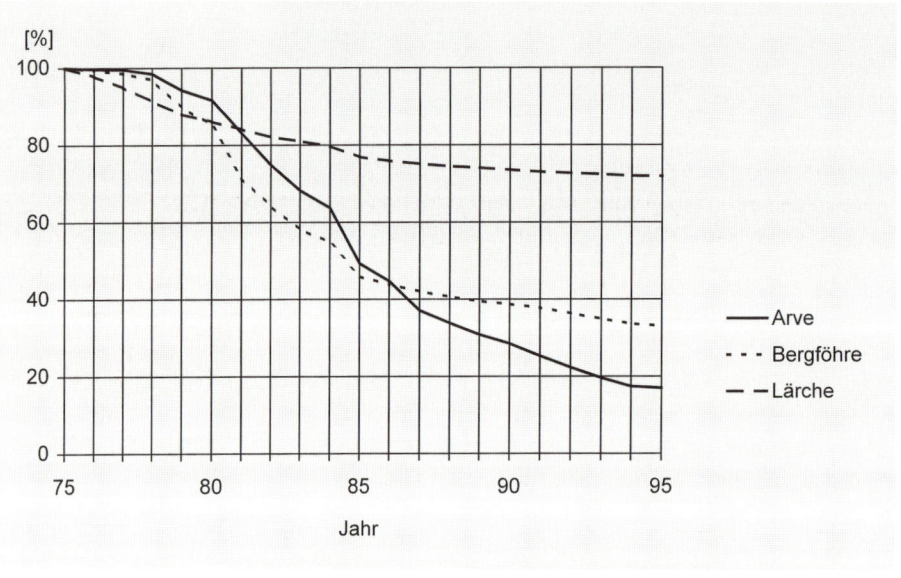

Überlebenskurven der drei Baumarten. Bild: SLF.

Kleine Bäume werden zu Boden gedrückt und weisen bei weiterem Wachstum einen gekrümmten Stamm (Säbelwuchs) auf. Bild: Schwander.
Unten: Stärkere Bäume werden durch die Schneelast gebrochen oder an der Stammbasis gespalten. Bild: SLF.

ten beeinflußt: So war die Temperatur während der Wachstumsperiode ein wichtiger Faktor für das Überleben und das Wachstum der Bäume. In warmen Sommern wuchsen sie gut, nur wenige starben. In kalten Sommern dagegen war das Wachstum gering. Viele Bäume wurden geschwächt und anfälliger auf parasitische Pilze.

Parasitische Pilze waren sowohl bei den Arven als auch bei den Bergföhren die wichtigste Todesursache. Der Triebsterbepilz tötete im Laufe der zwanzig Jahre 60 Prozent der Arven und 46 Prozent der Bergföhren. Es zeigte sich ein deutlicher Zusammenhang zwischen dem tödlichen Befall durch Triebsterben und dem Abtauen der Schneedecke im Frühling. Wich der Schnee erst um den 10. Juni oder noch später, fielen fast alle Arven und Föhren diesem Pilz zum Opfer. Dagegen wurden fast keine der winterkahlen Lärchen durch das Triebsterben getötet. Sogar an den am längsten schneebedeckten Stellen, wo Arven und Bergföhren schon lange ausgefallen waren, überlebten die Lärchen relativ gut.

Der Schneeschüttepilz zerstörte 15 Prozent der Arven. Dieser Pilz befiel am Stillberg nur Nadeln der Arven, welche im Frühjahr lange von Schnee bedeckt blieben. Die Infektion ging von alten, größeren Arven im Versuchsgelände aus.

Fast an jedem Baum wurden regelmäßig Teile der Krone beschädigt. Eine wichtige Rolle spielten dabei Gemsen und Birkhühner.

Die Wuchsform der Bäume wurde vor allem durch den Schnee beeinflußt. Die Setzung der Schneedecke verformte die Stämme. Größere Bäume wurden durch die Schneelast auf den Kronen talwärts gedrückt. Diese Schneebewegungen führten bei Bäumen schon früh zu säbelförmigem Wuchs. Zudem richtete sich der obere Teil des Stammes im Frühling oft nicht mehr vollständig auf, so daß der Stamm mehr oder weniger stark talwärts gerichtet blieb. Stärkere Bäume wurden gebrochen oder an der Stammbasis gespalten. 70 Prozent der Bäume auf dem Stillberg hatten 1995 talwärts gerichtete Stämme oder eine säbelförmige Stammbasis.

Solange die Bäume klein waren und durch den Schnee flach auf den Boden gepreßt wurden, stellten Lawinen für sie kein großes Problem dar. Bis 1995 wurden nur wenige Bäume durch Lawinen vollständig gebrochen. Mit der zunehmenden Stammdicke dürfte diese Zahl aber in den nächsten Jahren steigen. Die Bäume selbst benötigen also den Schutz durch Lawinenverbauungen erst, wenn sie etwa 1 bis 2 Meter hoch sind.

In den Lawinenrunsen fiel auf, daß die gepflanzten Bäume sehr früh verschwunden waren und daß keine natürliche Verjüngung stattgefunden hatte. Bei kleinen Bäumen war daran nicht nur die mechanische Einwirkung der Lawinen schuld. Die Lawinen tragen regelmäßig mineralisches Feinmaterial in die Runse, was eine Düngewirkung zur Folge hat und im Sommer eine üppige Krautvegetation ermöglicht. Da die jungen Bäume nicht so rasch auf das Nährstoffangebot reagieren können wie krautige Pflanzen, gehen sie in der bis zu 1 Meter hohen Vegetation unter und sterben ab.

Folgerungen für Forschung und Praxis

Die Ergebnisse vom Stillberg zeigen die Chancen, aber auch die Risiken und Grenzen von Aufforstungsversuchen unter den schwierigen Bedingungen nahe der oberen Waldgrenze. Versuche in höheren Lagen müssen langfristig durchgeführt werden. Mit kurzzeitigen Versuchen erhielte man keine aussagekräftigen Resultate, da die Entwicklung der Bäume vor allem wegen tiefer Temperaturen nur lang-

sam verläuft. Wäre der Versuch am Stillberg nach 3, 10 oder 15 Jahren abgebrochen worden, wären falsche Schlüsse gezogen worden, denn zu jedem dieser Zeitpunkte verzeichnete eine andere der drei Baumarten die größten Ausfälle.

Der Stillberg-Versuch zeigt deutlich auf, wie wichtig die jeweiligen Bedingungen an einem Kleinstandort für die Entwicklung von Hochlagenaufforstungen sind und wo die Grenzen dieser Aufforstbarkeit erreicht werden. Drei Faktoren bestimmen vor allem darüber, ob und wie Bäume an einem bestimmten Standort überleben und wachsen: die Temperaturverhältnisse im Sommer, die Schneebedeckung im Winter und der Zeitpunkt des Abtauens im Frühling. Letzterer scheint der wichtigste Faktor zu sein: Die Überlebensrate nimmt mit zunehmender Dauer der Schneebedeckung rasch ab.

Für die Praxis bedeutet dies, daß ein potentielles Aufforstungsgebiet während der Schneeschmelze besonders beobachtet werden muß. Erst aufgrund dieser Angaben und der kleinräumigen Topographie kann das Gebiet – ähnlich wie die Versuchsfläche Stillberg – in Hauptgeländetypen eingeteilt werden. Darauf können zunächst die günstigsten Stellen gruppenförmig bepflanzt werden. Die eng gepflanzten Bäume wachsen in der Gruppe zu einem dichten Verband zusammen, der auch gegen Wildverbiß schützt. Die am spätesten abtauenden Stellen sollten gar nicht bepflanzt werden. Dazu gehören auch die Lawinenrunsen, die lange schneebedeckt und meistens auch unter natürlichen Bedingungen waldfrei sind. Da Bäume in einem solchen Gelände kaum eine Überlebenschance haben, kommen hier bei Bedarf nur permanente Lawinenverbauungen in Frage.

Die ersten 20 Jahre des Hauptversuches auf dem Stillberg sind abgeschlossen. Doch damit hat die Beobachtung der Aufforstung nicht aufgehört. Noch vieles soll in den nächsten Jahren und Jahrzehnten auf dieser Fläche erforscht und herausgefunden werden. Viele Fragen sind noch offen, unter anderem ob und wie sich die zunehmende Höhe der überlebenden Bäume auf die Schneeverteilung, auf die Lawinenhäufigkeit und auf das Abtauen im Frühling auswirkt. Zudem soll besonders die Baumentwicklung an den Ostflanken beobachtet werden, wo die Bäume im Sommer zwar sehr gute Wuchsbedingungen genießen, wo sie aber zunehmend durch Schneebewegungen gefährdet sind.

Neben diesen Arbeiten wird die Versuchsfläche auf dem Stillberg weiterhin Besuchern aus Forschung und Praxis vor Augen führen, wie sich der Standort auf die Entwicklung von Bäumen auswirkt. Denn dies hat der Versuch klar gezeigt: Die Lebensbedingungen für die Bäume können sich je nach Standort innerhalb weniger Meter drastisch ändern. Wer einmal gesehen hat, wie sich das ursprüngliche Schachbrettmuster auf dem Stillberg innerhalb von 20 Jahren stark verändert hat, wird die Natur nicht nach einem Schema behandeln, sondern die Kleinstandorte berücksichtigen und die natürlichen Vorgänge ausnützen - und damit Zeit und Geld sparen.

Aus Holz, Stahl oder Beton: technischer Lawinenschutz

Alle Schutzmaßnahmen verfolgen das gleiche Ziel: Leben und Arbeiten im Alpenraum soll ohne ständige Bedrohungen durch Naturgefahren möglich sein. Doch dieses Ziel scheint nicht so nahe zu liegen. Im Lawinenwinter 1950/51 gingen allein in der Schweiz 1300 Schadenlawinen nieder und forderten 98 Todesopfer – und das, obwohl bereits seit 50 Jahren Lawinenverbau betrieben und Schutzwald aufgeforstet und gepflegt worden war. Trotz aller Vorsichts- und Sicherheitsmaßnahmen bleibt die Natur unberechenbar und hält Überraschungen bereit: Verbauungen werden beschädigt, oder Lawinen entstehen trotz Verbauungen. Deshalb gibt es keinen absolut sicheren Lawinenschutz.

Schutzmaßnahmen werden in allen drei Zonen eines Lawinenzuges geplant, im Anrißgebiet, in der Sturzbahn und dem Auslaufgebiet.

Permanente Verbauungen

Der Stützverbau stützt die Schneedecke ab und verhindert so eine Lawine im Anrißgebiet. Stahl-, Beton-, Holz- oder Stahlnetzkonstruktionen unterteilen dabei einen Hang in viele kleine Flächen, so daß die Schneedecke nicht als große Masse abrutschen kann; kleine Rutsche werden aufgefangen oder abgebremst.

Mauern, Mauer- und Erdterrassen und Verpfählungen als Schutz bei Aufforstungen wurden schon sehr viel früher gebaut. Doch diese ersten Bauten und Verpfählungen verhinderten höchstens ein Abgleiten der Schneedecke und waren zu niedrig, um eine Oberflächenlawine aufzuhalten. Von 1876 bis Mitte dieses Jahrhunderts entstanden deshalb ausschließlich riesige, bis zu neun Metern hohe Mauern aus Bruchstein, die auf einer Gesamtlänge von beinahe hundert Kilometern im Alpengebiet errichtet wurden.

Nach dem Lawinenwinter 1950/51 setzte in der Schweiz eine rasante Bautätigkeit ein. Aus Stahl, Beton, Leichtmetall oder Holz entstanden gegliederte Stützwerke praktisch senkrecht zur Bodenoberfläche und mindestens so hoch wie die erwartete maximale Schneemenge. In der

Lawinenverbauungen aus Stahl, Beton, Holz oder Stahlnetzen verhindern Lawinenanrisse an gefährlichen Hängen und schützen Siedlungen und Verkehrswege. Bilder: SLF.

Ablenkdämme sollten die niedergehenden Lawinen in die gewünschte Richtung lenken. Bild: SLF.

Bevor eine Lawine vom Damm aufgefangen wird, verlangsamen Bremshöcker bereits ihre Fahrt. Bild: SLF.

Um Verkehrswege zu schützen, werden Lawinen über Galerien geleitet. Bild: SLF.

Mit Verwehungszäunen können die gefährlichen Triebschneeansammlungen gesteuert werden. Bild: SLF.

Gebäudemauern, die bis zu einem Meter dick sind, sollen den Lawinenkräften standhalten. Bild: SLF.

Eine Lawine fließt über ein Haus hinweg, dessen Rückseite mit dem steigenden Gelände verbaut ist („Ebenhöch"). Bild: SLF.

Zeit von 1955 bis heute wurden auf einer Länge von ungefähr 400 Kilometern Stützbauten erstellt.

Doch Stützverbau ist teuer. Die Stabilisierung eines Hangs von der Größe eines Hektars kostet rund eine Million Schweizer Franken. Deshalb werden damit vor allem Siedlungsgebiete geschützt. Da in der Schweiz der Bund solche Schutzmaßnahmen subventioniert, gab er bereits 1955 vom SLF erarbeitete Richtlinien zur Dimensionierung und Anordnung von Stützverbauungen heraus. Diese wurden anhand gemachter Erfahrungen und neuer wissenschaftlicher Erkenntnisse dauernd überarbeitet und verbessert.

Zum Ablenkverbau gehören Ablenkdämme, die Lawinen in eine gewünschte Richtung leiten. Früher waren oft ganze Täler während der Wintermonate von der Außenwelt abgeschnitten. Die Zufahrtsstraßen, die heute Wintersportler in Gebiete bringen, die noch vor 40 Jahren menschenleer waren, müssen mit Galerien geschützt werden. Die abgehenden Lawinen werden dabei über die Galerien geleitet.

Der Bremsverbau versucht eine Lawine zu stoppen oder zu bremsen. Genügend große Auffangdämme bilden ein Becken, in dem sie den abgehenden Lawinenschnee aufnehmen. Mit Bremshöckern im Gelände kann eine Lawine vor dem Auffangdamm bereits abgebremst werden.

Mit Verwehungszäunen – 2 bis 5 Meter hohen Wänden – können die Triebschneeansammlungen gesteuert werden. Die natürlichen Windverhältnisse werden derart verändert, daß sich der Schnee hinter den Wänden ablagert. So können sich in den Lawinenanrißzonen keine gefährlichen Schneemassen anhäufen.

Einzelne Häuser und Bauten können mit einem Objektschutz versehen werden. Exponierte Wände werden mit bis zu einem Meter dicken Mauern verstärkt, um den Lawinenkräften standzuhalten. Früher wurden alte Häuser und Ställe mit „Ebenhöch" versehen: Die Rückseite des Hauses wurde mit dem steigenden Gelände verbaut. So konnte eine Lawine, ohne Schaden anzurichten, darüber hinweggleiten. Der Spaltkeil war eine spitz zulaufende Mauer, die die Lawine teilen und ablenken sollte. Ein besonderes Beispiel dafür ist die Frauenkirche in Davos: Über den Häusern auf einer Anhöhe gebaut, scheint sie

Der Spaltkeil, eine spitz zulaufende Mauer, soll die Lawine teilen und ablenken. Bild: SLF.
Rechts: Der Spaltkeil auf der dem Hang zugekehrten Kirchenschiffseite soll das Gotteshaus schützen, das seinerseits wohl das Dörfchen unter sich vor Lawinen schützen sollte... Bild: SLF.

das Dorf vor allen Gefahren zu schützen. Doch ob die Leute dem Schutz des lieben Gottes durch sein Kirchlein doch nicht so ganz getraut haben? Jedenfalls bauten sie der Kirche auf der dem Hang zugekehrten Schiffsseite einen Spaltkeil an, ganz so, als wollten sie damit Gottes Schutzauftrag etwas nachhelfen...

Bauen im Permafrost

In Gebieten von über 2500 Meter Höhe mit einer mittleren Jahrestemperatur von −1°C bis 2°C herrscht je nach Hangexposition Permafrost. Dieser Ausdruck stammt vom englischen „permanent frost" und bedeutet, daß der Boden gefroren ist und im Sommer nur seine oberste Schicht auftaut. In solchen Böden füllt das Eis alle Löcher und Poren auf. Je größer dieser Eisgehalt aber ist, um so mehr verhält sich das Gestein auch wie Eis: Es beginnt zu kriechen. Unter solchen Verhältnissen Lawinenverbauungen zu erstellen, ist nicht einfach.

Gleichzeitig kann sich wegen einer möglichen Klimaerwärmung die Permafrostgrenze nach oben verschieben. Taut dabei das Eis auf, wird die Bodenschicht fragil und locker. Zudem scheint der Lawinenverbau selbst den Permafrost zu beeinflussen.

Aus diesen Gründen ist die Erstellung von Stützverbauungen im Permafrost eine komplexe und längst noch nicht in allen Belangen geklärte Frage an die Fachleute. Das SLF hat deshalb mit den Kantonen Graubünden und Wallis ein Forschungsprojekt gestartet, das zum Ziel hat, effiziente Verbauungsmaßnahmen in möglichen Permafrostgebieten zu entwickeln.

Temporäre Verbauungen

Der temporäre Stützverbau wird praktisch bei jedem Aufforstungsprojekt oder bei Verjüngungen in stark gelichtetem Lawinenschutzwald in die Projektplanung mit einbezogen. Der Holzstützverbau aus Rundholz wird mit der Auspflanzung von Jungbäumen erstellt und hat bis zu seiner Verrottung eine Lebensdauer von 30 bis 50 Jahren. Er wird überall dort eingesetzt, wo erwartet wird, daß das Ergebnis der Aufforstung oder Wiederbewaldung ein Wald ist, der innerhalb dieser Zeit den Lawinenschutz wieder selbständig übernehmen kann.

Oft verhindert auch das Schneegleiten eine erfolgreiche Wiederbewaldung. Die jungen Bäume werden durch die Schneemassen niedergedrückt und können auch ausgerissen werden. Pfähle, Schwellen und Bermentritte (jede einzelne Pflanze wird am Hang in ein horizontal angelegtes Pflanzloch eingesetzt), die ebenfalls mit den Jahren verrotten, verhindern als temporärer Verbau ein Abgleiten der Schneedecke.

Heute ist mit technischen Schutzmaßnahmen die Lawinengefahr bereits vielerorts entschärft. Trotzdem gibt es noch eine Vielzahl gefährlicher Lawinenzüge, die Verkehrswege und einzelne Siedlungsteile gefährden können. Die finanziellen Mittel von Bund und Kantonen nehmen aber auch für Investitionen im Lawinenschutz ab. Aus finanziellen, vermehrt aber auch aus ökologischen Gründen kann der Verbau nicht mehr auf die gleiche Weise fortgesetzt werden. Denn auch die Folgekosten solcher Verbauungen, die langsam in die Jahre kommen, sind teuer, und Unterhalt und Reparaturen müssen gewährleistet sein. Gegenwärtig wird nach Alternativen gesucht, die verschiedenen möglichen Schutzmaßnahmen werden genau geprüft; noch vermehrt werden Kosten-Nutzen-Vergleiche angestellt.

Planerische Schutzmaßnahmen: Lawinengefahrenkarten

Eine Antwort auf die Auseinandersetzungen um Finanzen, Umwelt und Sicherheit im Lawinenverbau muß auch die Lawinenzonierung geben.

Noch 1870 stand auf dem Auslauf der Schiahornlawine in Davos kein einziges Haus. Doch als die ersten Touristen ins Dorf kamen, wurden zuerst ein Hotel und bald darauf das erste Sanatorium in diesem Gebiet eröffnet. Erst das Lawinenunglück von 1919, das sieben Todesopfer forderte, brachten Bauherrschaft und Behörde zur Vernunft: Heute

Holzstützverbau und Schneebrücken schützen die jungen Pflanzen und verrotten mit den Jahren. In diesem Zeitraum sollten die jungen Pflanzen zu einem Wald herangewachsen sein. Bilder: SLF.

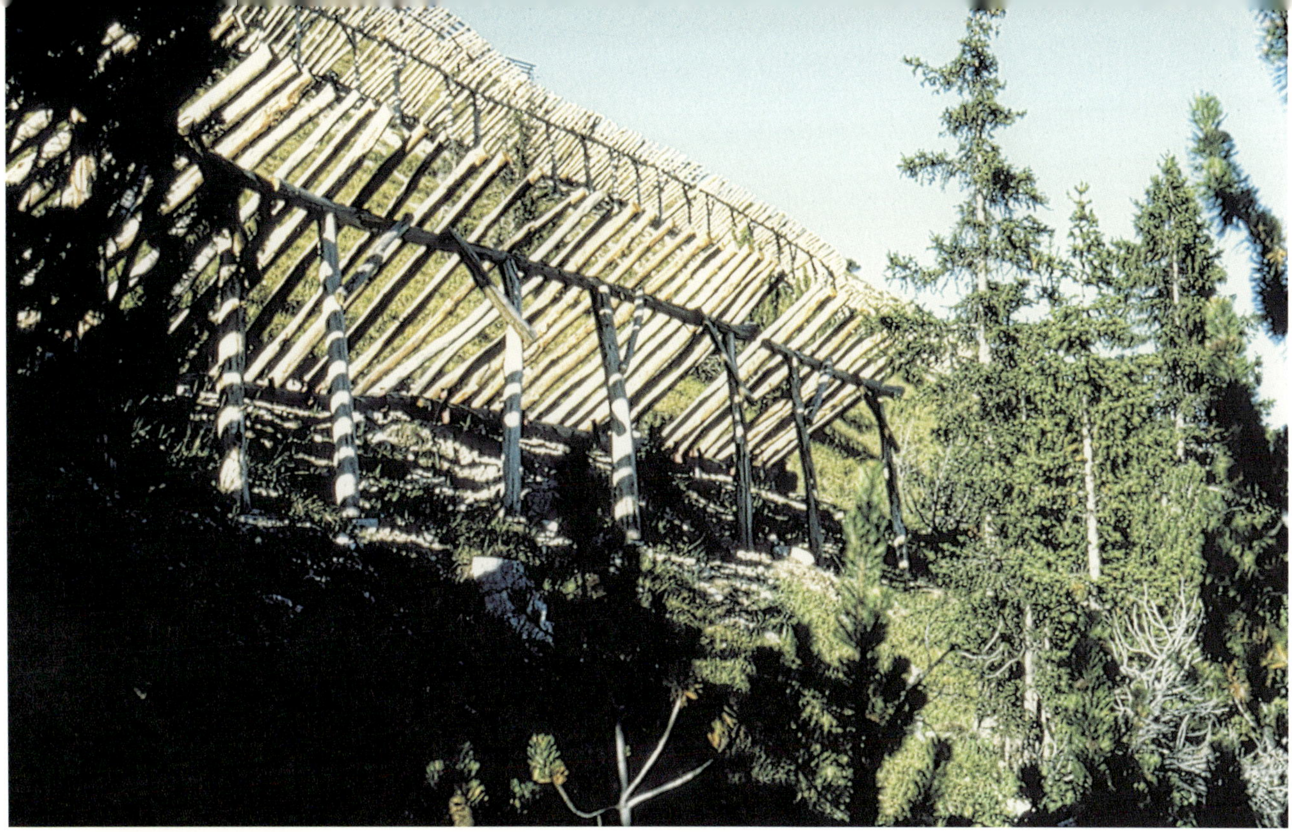

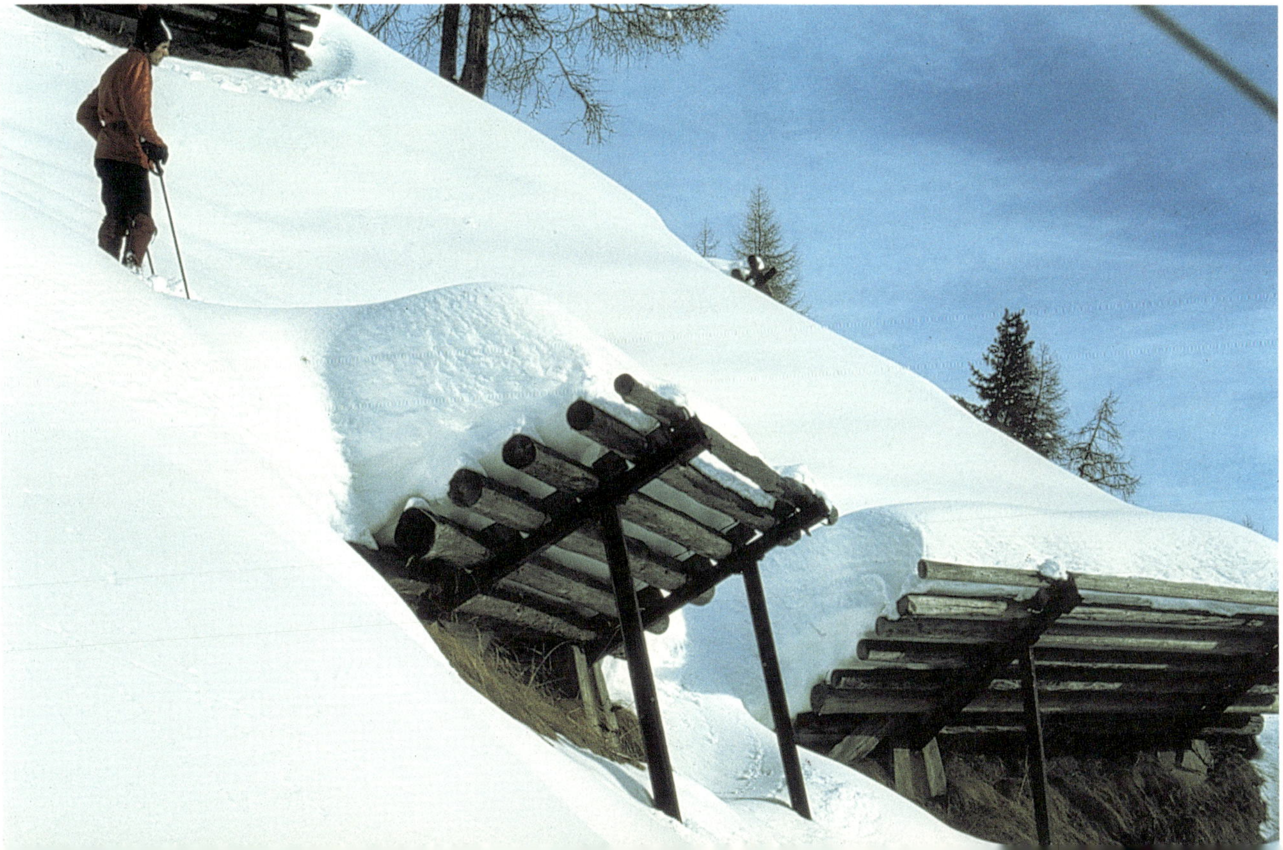

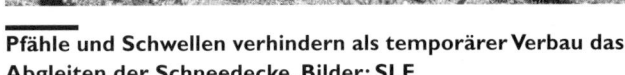
Pfähle und Schwellen verhindern als temporärer Verbau das Abgleiten der Schneedecke. Bilder: SLF.

verhindern Lawinenverbauungen auf einer Gesamtlänge von mehreren Kilometern und in mehreren Reihen übereinander angeordnet einen Lawinenanriß auf dem Schiahorn.

Natürlich wußten die Einwohner eines Bergdorfes wie Davos um die Gefahren, die von einem Berg wie dem Schiahorn ausgehen. Indem sie jeden Häuserbau in den bekannten Lawinenauslaufgebieten vermieden, wichen sie der Gefahr aus. Nach diesem Prinzip werden auch die Lawinengefahrenkarten erstellt: Sie unterteilen ein Gebiet in verschiedene Gefahrenstufen. Diese Unterteilung muß nach streng wissenschaftlichen Kriterien und Methoden, mit Lawinenaufzeichnungen und lawinendynamischen Berechnungen, erfolgen. Als Maß für die Gefährdung gelten die Häufigkeit (die Wiederkehrdauer) und die Intensität (die erwartete Größe) der Lawine. Die verschiedenen Be-

rechnungen aus Häufigkeit und Intensität ergeben die Gefahrenstufen. Rotes Gebiet bezeichnet gefährliche Lawinen mit einer Wiederkehrdauer von weniger als 30 Jahren. Dies hat Konsequenzen für Richt- und Nutzungspläne, für die Planung von Bauten und Anlagen und die Erteilung von Konzessionen: In roten Zonen dürfen keine Bauzonen ausgeschieden werden.

In der blauen Zone ist eine Bautätigkeit mit Einschränkungen und Auflagen verbunden. Technische Schutzmaßnahmen für exponierte Gebäudeteile, eine organisierte Alarmierung und Evakuierungspläne für die Bewohner werden gefordert, Hotels, Wintersportanlagen, Schulhäuser und andere Zentren dürfen nicht gebaut werden.

Die Erstellung von Lawinengefahrenkarten wird von den kantonalen Forstdiensten vorgenommen und ist nicht immer unproblematisch. Gegensätzliche Forderungen

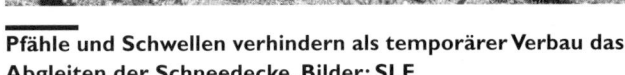
136

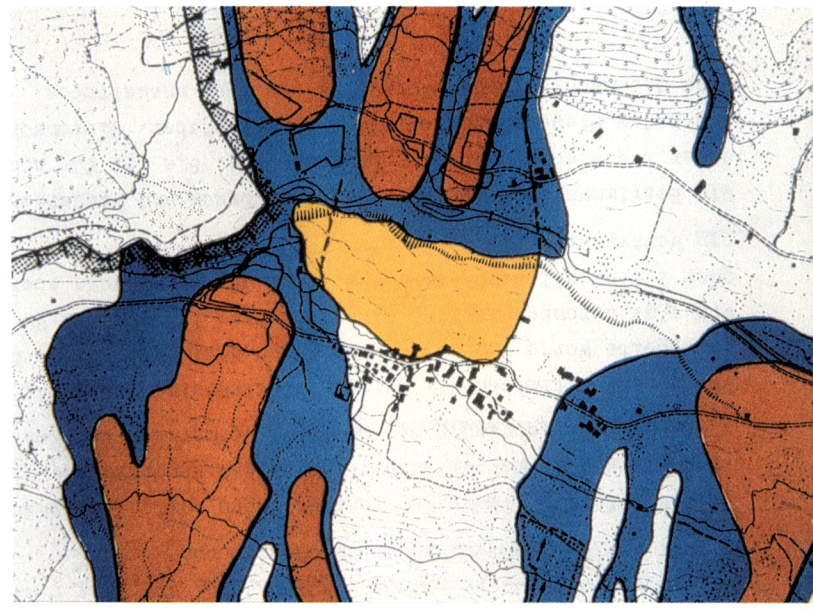

Eine Lawinengefahrenkarte: In roten Zonen dürfen keine Bauten erstellt werden, in blauen Zonen ist eine Bautätigkeit mit Einschränkungen und Auflagen verbunden. Bild: SLF.

kommen sich in die Quere: Oft genug ist es im Interesse von Landbesitzern, auch in Gefahrenzonen zu bauen, da dort „seit Menschengedenken" keine Lawine mehr niedergegangen sei. Doch ein „Menschengedenken" ist kurz, es dauert nur wenige Jahrzehnte und gibt keinen Aufschluß über eine tatsächlich vorhandene Lawinengefahr.

Einsprachen gegen die Zonierung kommen deshalb oft von Landbesitzern, deren teures Bauland seinen Wert zu verlieren droht, aber auch von Umweltschützern, die damit eine weitere Bautätigkeit verhindern möchten. Bei solchen Streitigkeiten wird das SLF von der Rekursinstanz als neutraler Gutachter beigezogen.

Auch bei der Ausarbeitung von Lawinengefahrenkarten war der Lawinenwinter 1950/51, der schlimmste seit 100 Jahren, ausschlaggebend. Heute sollte jede von Lawinen gefährdete Gemeinde einen Gefahrenzonenplan besitzen. Doch die Handhabung liegt in der Gemeindeautonomie. Falls sich Gemeinden bei ihrer Bautätigkeit nicht an der Lawinengefahrenkarte orientieren, kann in der Schweiz der Bund als einziges Druckmittel die Verweigerung der Subventionen für die entsprechenden Schutzmaßnahmen einsetzen.

Information ist (fast) alles

Wer eine Skitour plant, muß an vieles denken. Die Ausrüstung muß in Ordnung sein, das Verschüttetensuchgerät, die Lawinenschaufel und eine kleine Notapotheke sollte ebenso eingepackt werden wie genügend Proviant, warme Getränke und Ersatzkleider. Auch Sonnenbrille und Sonnencreme dürfen nicht vergessen werden. Doch das Wichtigste ist die vorherige Information über die Wetter- und Lawinensituation. Für die Schweiz gibt das SLF im Winterhalbjahr das Lawinenbulletin heraus, eine Dienstleistung, die jeder Tourenfahrer zu schätzen weiß.

Ein Lawinenbulletin entsteht

„Das Eidgenössische Institut für Schnee- und Lawinenforschung Weissfluhjoch-Davos teilt mit..." Dies ist der beinahe schon legendäre Anfang der Meldung, die nicht nur Tourenfahrer, sondern auch Snowboard- und Variantenfahrer, Bergführer, Skilehrer und Skitourenleiter, Armeeangehörige, Lawinensicherungsdienste, Lawinenkommissionen, Polizei und Rettungsdienste und natürlich auch die Bewohner von Gebirgsdörfern schätzen gelernt haben. Das Lawinenbulletin ist eine kaum mehr wegzudenkende Dienstleistung. Seit 1945 wird es in jedem Winterhalbjahr erstellt, vom ersten Schnee bis in den späten Frühling hinein gelangen so über 100 Bulletins an die Öffentlichkeit. Jeden Freitag, bei Bedarf auch öfter und im Notfall sogar zweimal am Tag werden sie über Fernsehen, Radio und die Presse verbreitet. Rund 200'000 Anrufe registriert jährlich die Telefonnummer 187, über welche das Bulletin abgehört werden kann. Immer häufiger wird es auch über Teletext und Internet abgerufen. Doch wie kommt ein Lawinenbulletin überhaupt zustande?

Informationen von den Vergleichsstationen

Jeden Morgen noch vor 8.30 Uhr übermitteln die Beobachterinnen und Beobachter der rund 80 Vergleichsstationen aus der ganzen Schweiz über 20 Wetter- und Schneedaten nach Davos. Fast alle Vergleichsstationen befinden sich auf einer Höhe zwischen 1100 und 2300 Metern und werden von Angestellten von Bergbahnunternehmen, von Hausfrauen, Lehrern, Bergführern und vielen anderen betreut. Alle diese nebenamtlichen Mitarbeiterinnen und Mitarbeiter werden vom SLF für ihre Aufgabe ausgebildet und entschädigt. Ergänzt werden die Daten aus diesen Vergleichsstationen durch Messungen aus 11 automatischen Gebirgsstationen (ENET), die das SLF in Zusammenarbeit mit der Schweizerischen Meteorologischen Anstalt (SMA) betreibt vgl. S. 106–108. In den letzten Jahren sind über zwei Dutzend weitere automatische Stationen dazugekommen, diesmal unter der Bauherrschaft der Kantone, mit Unterstützung durch den Bund. Kontinuierlich werden von dort aus die erhobenen Werte direkt an den Lawinenwarndienst nach Davos übermittelt. Weitere Daten liefern die alle zwei Wochen in den Meßfeldern der Vergleichsstationen erstellten Schnee- und Rammprofile und die in schattigen Steilhängen von möglichen Lawinenanrißgebieten vorgenommenen Schneeprofile und Rutschblocktests.

Auch die täglich von den Beobachterinnen und Beobachtern in die Zentrale nach Davos übermittelte Einschätzung der aktuellen Lawinengefahr und ihre Meldungen über allfällige Lawinenabgänge gelten, ebenso wie eintreffende Rückmeldungen von Polizei und Straßenunterhaltsdiensten, als Grundlage für die Erstellung des Lawinenbulletins.

```
------------------------------------------------------------------------
EIDG. INSTITUT FUER SCHNEE- + LAWINENFORSCHUNG, WEISSFLUHJOCH/DAVOS
LAWINENBULLETIN  NR. 61                    FREITAG, 21. FEBRUAR 1997
------------------------------------------------------------------------

LAWINENSITUTATION WEITERHIN KRITISCH: ERHEBLICHE SCHNEEBRETTGEFAHR
```

ALLGEMEINES:
Am Donnerstagvormittag fielen noerdlich des Alpenhauptkammes
nochmals gebietsweise einige Zentimeter Neuschnee. Dann klarte es
auf. Suedlich des Alpenhauptkammes war es niederschlagsfrei.
Die Temperaturen sind seit Donnerstagmorgen in der Hoehe leicht
angestiegen.

SCHNEEDECKE:
Die Schneeprofile der letzten Tage zeigen, dass sich die
Neuschneeschichten der vergangenen Woche zwar stellenweise
verfestigt, sich aber mit der Altschneedecke noch schlecht
verbunden haben. Im Gegensatz zum guten Schneedeckenaufbau in der
ersten Haelfte dieses Winters sind jetzt verbreitet stoeranfaellige
Zwischenschichten vorhanden.

GEFAHRENSTUFEN:
Alpennordhang, Gotthardgebiet, Wallis, Nord- und Mittelbuenden
sowie Unterengadin:
    Erhebliche Schneebrettgefahr. Gefaehrlich sind vorwiegend
    Steilhaenge der Expositionen Nordwest ueber Nord bis Suedost
    oberhalb rund 1800 m und Kammlagen aller Expositionen. Die
    Gefahrenstellen sind etwas weniger zahlreich als zu Wochenbeginn.
    Fuer die Routenwahl ist von Skitouristen nach wie vor Erfahrung
    und eine kritische Beurteilung der Lawinensituation vor Ort
    erforderlich.

Uebriges noerdliches Tessin, Oberengadin und Buendner Suedtaeler:
    Maessige Schneebrettgefahr. Gefahrenstellen befinden sich
    vorwiegend an Steilhaengen der Expositionen Nordwest ueber Nord
    bis Ost oberhalb etwa 2000 m und in Kammnaehe mit
    Triebschneeansammlungen.

Mittel- und Suedtessin:
    Geringe Schneebrettgefahr. Vereinzelte Gefahrenstellen befinden
    sich an kammnahen Steilhaengen mit Triebschneeansammlungen.

TENDENZ:
Im allgemeinen sonnig. Temperaturanstieg vor allem in den
westlichen Regionen. Nur langsamer Rueckgang der Lawinengefahr.

Aktuelle Produkteliste 'Fax auf Abruf' (Fr 1.49/Min) :   Stand: Februar 1997

157 33 871   Lawinenbulletin Deutsch   157 33 876   Europäische Lawinengefahrenskala
157 33 872   Lawinenbulletin Französisch   157 33 877   Neuschneekarten taeglich
157 33 873   Lawinenbulletin Italienisch   157 33 878   Schneedeckenzustand 21.2.97
                                                               Erneuerung innert 14 Tagen
157 33 874   Gefahrenkarte bei neuem Bulletin   157 33 879   Gebrauchsanleitung
157 33 875   Schneehöhenkarte bei wesentlicher Aenderung 157 33 880 ......

Das Lawinenbulletin ist eine Dienstleistung, die in der Öffentlichkeit geschätzt und von ihr gerne in Anspruch genommen wird. Bild: SLF.

Vergleichsstationen: Winter 96/97

Schwägalp 1290
Unterwasser Iltios 1340
Flumserberg 1310   Malbun 1610
Rigi Scheidegg 1640   Oberiberg 1090   St.Margrethenberg 1190
Samnaun 1750
Stoos 1280   Braunwald 1340   St.Antönien 1510
Elm 1690   Weissfluhjoch 2540   Motta Naluns 215
Sörenberg 1160   Flims-Naraus 1850   Davos 1560   Ftan 1710
Trübsee 1800   Siat 1280
Haslberg 1830   Meien 1310   Obersaxen 1420   Arosa 1820   La Drossa 1710
Gantrisch 1510   Gadmen 1190   Sedrun 1420   Fuorns 1480   Innerglas 1810   Sta.Maria 1400
Grindel 1950   1440
Stockhorn 1650   Wengen 1310   Göscheneralp 1750   Zervreila 1735   Zuoz 1710
Moléson 1520   Jaunpass 1520   Andermatt   1190   St.Moritz 1890
Mürren 1660   Ulrichen 1350   Nante 1420
Saanenmöser 1390   Münster 1370   Campo Blenio   Splügen 1460   Bivio 1770   Pontresina 1840
Adelboden 1350   Robiei 1890   San Bernardino 1640   Juf 2120   Corvatsch 2690
Gsteig 1195   Lauchernalp 1980   Küboden 2210   Maloja 1800
Leysin 1250   Wiler 1400   Bosco/Gurin 1490
Montana 1590   Binn 1410
Morgins 1380
Planachaux 1780   Simplon Hospiz 2000   Cardada 1620
Bendolla 2160 Grimentz 1570
Les Ruinettes 2250   Tamaro 1450
La Creusaz 1720   Arolla   Saas Fee 1790
Fionnay 1500   1890   Egginer 2620
Bourg-St-Pierre 1610   Zermatt 1600

Eidg. Institut für Schnee- und Lawinenforschung, Weissfluhjoch/Davos

SLF
ENA
SNV
PNL

Bild: SLF.

DieVergleichsstationen sind über das ganzeVoralpen- und Alpengebiet verteilt und liegen auf einer Höhe zwischen 1100 und 2300 Metern. Dort werden täglich die unten aufgeführten Daten erhoben, codiert und an die Lawinenzentrale des SLF per Modem übermittelt:

- Neuschneehöhe HN (cm)
- Gesamtschneehöhe HS (cm)
- Wettererscheinung und deren Intensität WI (nach einem einfachen, meteorologischen Code)
- Windrichtung und -stärke DDFF (achtteilige Windrose, Beaufortskala)
- Lufttemperatur T_a (°C)

- Schneetemperatur T_s (°C), 10 cm unterhalb der Schneeoberfläche gemessen
- Form der Schneeoberfläche S_f (einfacher, sechsteiliger Code)
- Einsinktiefe PS (cm), gemessen mit dem ersten Rohr der Rammsonde
- Lawinenbeobachtung (nach einem fünfteiligen Schlüssel)
- Beurteilung der Lawinengefahr: Der Beobachter schätzt für seine Lokalitäten die Verhältnisse zum Zeitpunkt der Beobachtung ein.
- Wasserwert des Neuschnees HNW (mm), nur falls 10 cm oder mehr Neuschnee gefallen ist

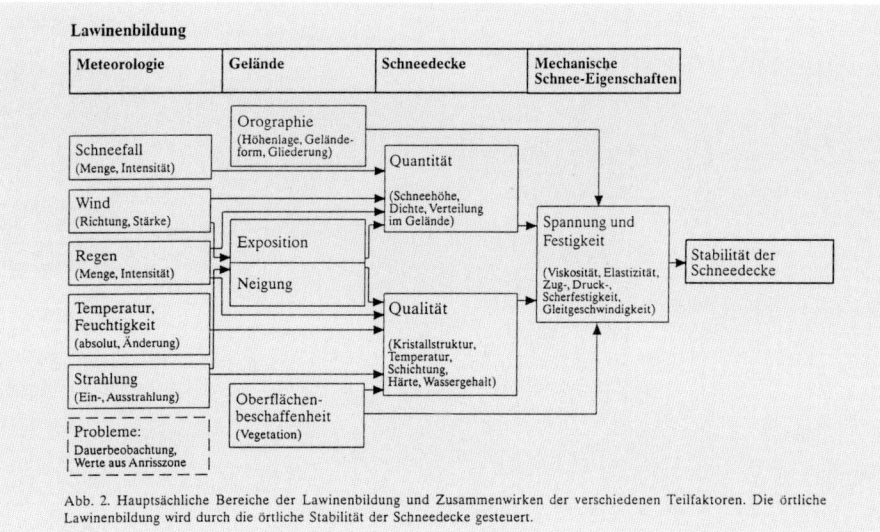

Lawinenbildung

Meteorologie	Gelände	Schneedecke	Mechanische Schnee-Eigenschaften

Schneefall
(Menge, Intensität)

Wind
(Richtung, Stärke)

Regen
(Menge, Intensität)

Temperatur, Feuchtigkeit
(absolut, Änderung)

Strahlung
(Ein-, Ausstrahlung)

Probleme:
Dauerbeobachtung,
Werte aus Anrisszone

Orographie
(Höhenlage, Gelände-form, Gliederung)

Exposition

Neigung

Oberflächen-beschaffenheit
(Vegetation)

Quantität
(Schneehöhe, Dichte, Verteilung im Gelände)

Qualität
(Kristallstruktur, Temperatur, Schichtung, Härte, Wassergehalt)

Spannung und Festigkeit
(Viskosität, Elastizität, Zug-, Druck-, Scherfestigkeit, Gleitgeschwindigkeit)

Stabilität der Schneedecke

Abb. 2. Hauptsächliche Bereiche der Lawinenbildung und Zusammenwirken der verschiedenen Teilfaktoren. Die örtliche Lawinenbildung wird durch die örtliche Stabilität der Schneedecke gesteuert.

142

Rechte Seite: Schneehöhenkarten geben Auskunft über die gemessenen Schneehöhen in den verschiedenen Gebieten. Bild: SLF.

Nur wenn alle eingegangenen Daten genau analysiert werden, kann eine Einschätzung der aktuellen Lawinengefahr gemacht werden. Bild: SLF.

Der Lawinenwarndienst

Tausende von Daten werden so jeden Morgen im Informationssystem des Lawinenwarndienstes auf dem Weissfluhjoch verarbeitet. Ein Mitarbeiter aus dem fünfköpfigen Expertenteam kann sie nach Stationen, Terminen oder verschiedenen Meßgrößen geordnet auf die Bildschirme abrufen und grafisch darstellen. Erst jetzt kann er auch mit der Analyse der Daten beginnen und daraus eine Einschätzung über die aktuelle Lawinengefahr ableiten. Dazu brauchen die Fachleute grundlegende physikalische Kenntnisse über die Beziehung zwischen Schneedeckenaufbau und Lawinenaktivität. Das von Othmar Buser und Walter Good entwickelte Computermodell „The Nearest Neighbour" ergänzt die Analyse der eingegangenen Daten für eine möglichst objektive Lawinenprognose. Für dieses Modell hatte Buser die im Institut archivierten Schnee- und Wetterdaten der letzten 30 Jahre im Computer gespeichert. Die Fachleute des Lawinenwarndienstes geben nun die an diesem Tag gemessenen aktuellen Daten ein, der Computer sucht aus seiner Datenfülle die Tage mit den ähnlichsten Verhältnissen hervor und gibt an, ob und wo damals Lawinen nie-

dergegangen sind. Andere Computermodelle versuchen, die gedanklichen Vorgänge der Experten und die direkte Verknüpfung von Wetter- und Schneedeckenparametern mit Lawinenabgängen nachzubilden. Doch diese Modelle versagen häufig bei speziellen Ereignissen. Gerade diese sind bei der Lawinenprognose aber oft ausschlaggebend: Wenn keine Lawine abgeht, heißt das eben noch nicht, daß keine Lawinengefahr bestanden hat. Es bedeutet eventuell nur, daß die Schneedecke nicht genügend belastet wurde, um eine Lawine auch tatsächlich auszulösen.

Ein drittes, wichtiges Kriterium für die Erstellung des Lawinenbulletins ist die Erfahrung der Experten. Diese Erfahrung besitzt kein noch so gutes Computermodell. Dank ihm kann zwar oft der Zeitdruck verringert werden, den Entscheidungsdruck tragen aber nach wie vor die Fachleute.

Die Auswertung der gemessenen Daten, die Arbeit mit Vergleichsmodellen und die persönliche Erfahrung vieler Beobachter und Experten führen dazu, daß das Lawinenbulletin heute eine Trefferquote von rund 70 Prozent erreicht.

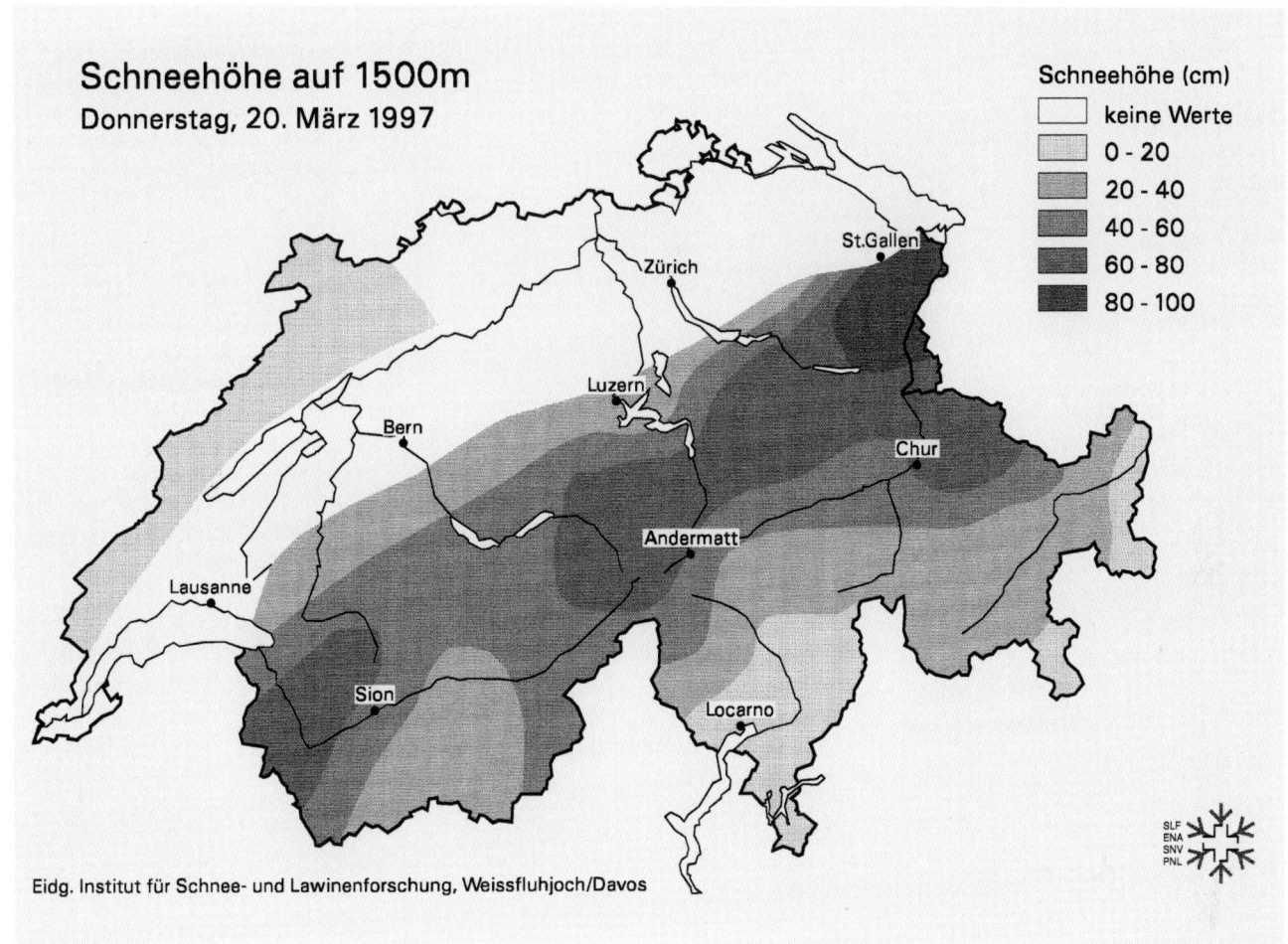

Schneehöhe auf 1500m
Donnerstag, 20. März 1997

Schneehöhe (cm)

	keine Werte
	0 - 20
	20 - 40
	40 - 60
	60 - 80
	80 - 100

Zürich

St.Gallen

Luzern

Bern

Chur

Andermatt

Lausanne

Sion

Locarno

SLF
ENA
SNV
PNL

Eidg. Institut für Schnee- und Lawinenforschung, Weissfluhjoch/Davos

Sind alle Analyse- und Vorbereitungsarbeiten abgeschlossen, redigiert einer der Mitarbeiter des Warndienstes das Lawinenbulletin für die Öffentlichkeit. Jedes Bulletin gliedert sich in vier Abschnitte und gibt Hinweise über die allgemeine Lage und die Schneedecke. Es beschreibt die Lawinengefahrenstufen und zeigt die zu erwartende weitere Entwicklung der Verhältnisse auf. Danach wird das fertig erstellte Bulletin von zwei weiteren Mitarbeitern überprüft und ins Italienische und Französische übersetzt. Gegen

10.30 Uhr wird es, teilweise ergänzt mit einer Lawinengefahren- und Schneehöhenkarte, an die Medien herausgegeben. Während die übrigen Mitarbeiter des Lawinenwarndienstes sich der weiteren Forschungstätigkeit widmen, bleibt einer von ihnen den ganzen Tag über in Bereitschaft. Er überprüft Daten, erstellt Schneehöhenkarten, gibt telefonische Auskünfte und nimmt Rückmeldungen entgegen. Er verfolgt die Wetterentwicklung und erstellt bei Bedarf ein zweites, aktualisiertes Lawinenbulletin.

Anhang

Tab. 1: Europäische Lawinengefahrenskala mit Empfehlungen

Gefahren-stufe	Schneedeckenstabilität	Lawinen-Auslösewahrscheinlichkeit	Auswirkungen für Verkehrswege und Siedlungen / Empfehlungen	Auswirkungen für Personen ausserhalb gesicherter Zonen / Empfehlungen
1 gering	Die Schneedecke ist allgemein gut verfestigt und stabil.	Auslösung ist allgemein nur bei grosser Zusatzbelastung** an sehr wenigen, extremen Steilhängen möglich. Spontan sind nur kleine Lawinen (sogenannte Rutsche) möglich.	Keine Gefährdung.	Allgemein sichere Verhältnisse.
2 mässig	Die Schneedecke ist an einigen Steilhängen* nur mässig verfestigt, ansonsten allgemein gut verfestigt.	Auslösung ist insbesondere bei grosser Zusatzbelastung** vor allem an den angegebenen Steilhängen möglich. Grössere spontane Lawinen sind nicht zu erwarten.	Kaum Gefährdung durch spontane Lawinen.	Mehrheitlich günstige Verhältnisse. Vorsichtige Routenwahl, vor allem an Steilhängen der angegebenen Exposition und Höhenlage.
3 erheblich	Die Schneedecke ist an vielen Steilhängen* nur mässig bis schwach verfestigt.	Auslösung ist bereits bei geringer Zusatzbelastung** vor allem an den angegebenen Steilhängen möglich. Fallweise sind spontan einige mittlere, vereinzelt aber auch grosse Lawinen möglich.	Exponierte Teile vereinzelt gefährdet. Dort sind teilweise Sicherheitsmassnahmen zu empfehlen.	Teilweise ungünstige Verhältnisse. Erfahrung in der Lawinenbeurteilung erforderlich. Steilhänge der angegebenen Exposition und Höhenlage möglichst meiden.
4 gross	Die Schneedecke ist an den meisten Steilhängen* schwach verfestigt.	Auslösung ist bereits bei geringer Zusatzbelastung** an zahlreichen Steilhängen wahrscheinlich. Fallweise sind spontan viele mittlere, mehrfach auch grosse Lawinen zu erwarten.	Exponierte Teile mehrheitlich gefährdet. Dort sind Sicherheitsmassnahmen zu empfehlen.	Ungünstige Verhältnisse. Viel Erfahrung in der Lawinenbeurteilung erforderlich. Beschränkung auf mässig steiles Gelände / Lawinenauslaufbereiche beachten.
5 sehr gross	Die Schneedecke ist allgemein schwach verfestigt und weitgehend instabil.	Spontan sind zahlreiche grosse Lawinen, auch in mässig steilem Gelände zu erwarten.	Akute Gefährdung. Umfangreiche Sicherheitsmassnahmen.	Sehr ungünstige Verhältnisse. Verzicht empfohlen.

Erklärungen:
- * im Lawinenbulletin im allgemeinen näher beschrieben (z.B. Höhenlage, Exposition, Geländeform)
- ** Zusatzbelastung: – gross (z.B. Skifahrergruppe ohne Abstände, Pistenfahrzeug, Lawinensprengung)
  – gering (z.B. einzelner Skifahrer, Fussgänger)
- Steilhänge: Hänge steiler als rund 30 Grad
- mässig steiles Gelände: Hänge flacher als rund 30 Grad
- extreme Steilhänge: besonders ungünstig bezüglich Neigung, Geländeform, Kammnähe, Bodenrauhigkeit

- spontan: ohne menschliches Dazutun
- Exposition: Himmelsrichtung, in die ein Hang abfällt
- exponiert: besonders der Gefahr ausgesetzt

Rechte Seite:
Im Lawinenbulletin werden einzelne Regionen zusammengefasst und mit Begriffen beschrieben, die die Bevölkerung aus dem Wetterbericht bereits kennt. Bild: SLF.

Die europäische Gefahrenskala gibt Auskunft über die Schneedeckenstabilität und die Lawinenauslösewahrscheinlichkeit. In einzelnen Ländern wird sie mit zusätzlichen Empfehlungen ergänzt. Bild: SLF.

Das Lawinenbulletin, einheitlich in ganz Europa

Da das Lawinenbulletin über Leben und Tod entscheiden kann, gilt es, bei vorausgesagter Gefahr die entsprechenden Maßnahmen zu treffen. Auf Skitouren muß eventuell verzichtet oder eine andere Routenwahl getroffen werden. Vielleicht müssen zusätzliche Informationen bei lokalen Sicherungsdiensten, bei Bergbahnunternehmen oder Hüttenwarten eingeholt werden. Skipisten müssen bei akuter Lawinengefahr geschlossen werden, im Straßen- und Schienenverkehr reichen die Sicherheitsmaßnahmen von intensiver Beobachtung bis hin zu Schließungen, im Siedlungsbereich können sie bis zu Evakuierungen führen.

Seit 1993 wird die Lawinengefahr – hauptsächlich auf Betreiben des SLF – nach einem für Europa einheitlichen Muster in fünf Gefahrenstufen von „gering" bis „sehr groß" angegeben. Diese Gefahrenskala beschreibt die Schneedeckenstabilität und die Lawinenauslösewahrscheinlichkeit und gibt in der Schweiz, in Deutschland, Österreich und Schottland noch zusätzliche Hinweise ab. In der Schweiz sind das Empfehlungen für „Verkehrswege und Siedlungen" und für „Personen außerhalb gesicherter Zonen". Ebenso kann zu Zeiten extremer Schneefall- und Witterungsperioden die Lawinensituation in der Schweiz zusätzlich als „extrem" eingestuft werden.

Der schweizerische Alpenraum ist so stark gegliedert, daß nie überall die gleichen Wetter- und Schneebedingungen herrschen und deshalb in der Regel auch nicht eine einheitliche Lawinenprognose für das ganze Land erstellt werden kann. Das Lawinenbulletin kann umgekehrt aber auch nicht Aufschluß über zu kleine Unterregionen oder einzelne Hänge geben. Deshalb werden für ein Bulletin einzelne Regionen zusammengefaßt und mit Gebiets-Begriffen beschrieben, die die Bevölkerung aus dem Wetterbericht bereits kennt.

Zukunftsperspektiven

Mit dem Projekt „Lawinenwarnung CH 2000" will der Lawinenwarndienst seine Grundlagen, Arbeitsmethoden und Produkte verbessern. Durch zusätzliche automatische Stationen und mit neuen Erhebungsmethoden und Umfragen

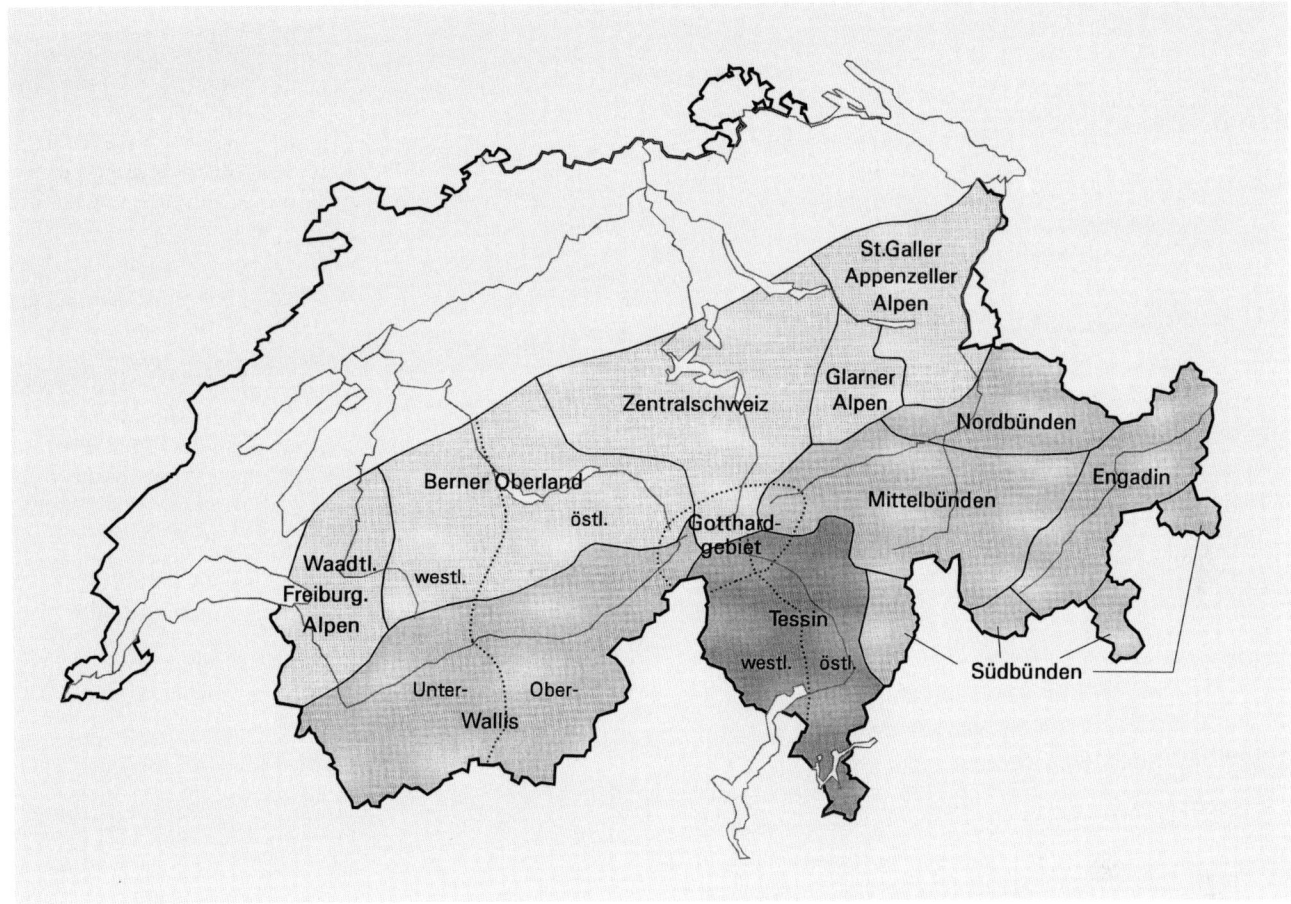

bei Vertrauensleuten wie Bergführern, Hüttenwarten, Skitourenleitern etc. will er die Meß- und Informationsnetze noch mehr verdichten. Ein zentrales Informationssystem „Schnee und Lawinen" soll mit Hilfe aller Einheiten am SLF mit modernen Daten- und Methodenbanken ausgebaut werden. Verschiedene Projekte sehen vor, den regionalen und lokalen Lawinenwarndienst auszubauen und damit den Genauigkeitsgrad der Prognose noch einmal zu verbessern. Mit Karten, Grafiken und Tabellen will das SLF die Texte in den Medien ergänzen.

Auch in Zukunft will der Lawinenwarndienst mit Aufklärung und Ausbildungskursen, mit Referaten, Merkblättern und Lehrschriften in der Prävention tätig bleiben. Noch bleibt es ein Forschertraum, daß das Lawinenwarnbulletin zu einem Vorhersagebulletin erweitert werden könnte. Ein Schritt in dieser Richtung ist die Veröffentlichung des Bulletins bereits am Vorabend. Auch seine Aktualität soll verbessert werden, indem es bei kritischen Wetterlagen zweimal täglich erscheinen soll.

Lawinengefahr

Die Größe der Lawinengefahr ist von verschiedenen Faktoren abhängig. Dabei spielt die Auslösewahrscheinlichkeit eine bedeutende Rolle. Diese hängt von der natürlichen Schneedeckenstabilität einerseits ab; sie kann aber andererseits durch menschliche Einwirkung wie Skifahrerbelastung oder Sprengung deutlich erhöht werden. Weitere bestimmende Faktoren für die Lawinengefahr sind das Gelände und dessen Exposition, aber auch die Größe und der Typ der erwarteten Lawinen sowie Volumen und Dichte der abgleitenden Schneemassen.

Der Begriff „Gefahr" schließlich sagt nichts darüber aus, ob ein Schadenereignis auch tatsächlich eintrifft. Die Lawinengefahr beschreibt nur die Eintretenswahrscheinlichkeit und das mögliche Ausmaß in einer bestimmten Region, wobei der Auslösezeitpunkt und die Lawinenanrißfläche trotz allem von Zufälligkeiten bestimmt bleiben.

Grenzen der Lawinenprognose

Doch die Lawinenprognose hat ihre Grenzen: Einzelne Lawinen können nie vorausgesagt werden, denn ihre Auslösung hängt immer auch von Zufälligkeiten ab. Ebenso kann immer nur die Lawinengefahr in einer Region, innerhalb einer bestimmten Höhenzone, in einem Hang mit einem bestimmten Neigungswinkel und einer bestimmten Exposition, angegeben werden. Bei rasch wechselndem Wetter ist es auch mit Hilfe aller Elektronik nicht möglich, der Entwicklung der Lawinengefahr gerecht zu werden. Aller Forschung zum Trotz: Zur Voraussage der Lawinengefahr gibt es auch heute noch kein allgemeingültiges Verfahren.

Prävention auf den Pisten

Der Lawinensicherungsdienst jeder Berggemeinde ist für die Sicherheit von Straßen, Bahnverbindungen und Siedlungsgebieten verantwortlich und ordnet bei Gefahr entsprechende Sperrungen und Evakuierungen an. Die Maßnahmen der Lawinensicherungsdienste betreffen aber weder Bergbahn- noch Skipistenunternehmen. Dafür müssen die Betriebsleiter eigene Sicherheitsvorkehrungen treffen und Rettungsdienste bereitstellen.

Da im Lawinenbulletin einzelne Hänge und lokale Gegebenheiten nicht berücksichtigt werden, beurteilen die Verantwortlichen von Pisten- und Rettungsdiensten die lokale Lawinengefahr. Bei dieser Beurteilung gilt das Gebiet außerhalb der Pisten immer als freies Skigebiet und wird weder markiert noch gesichert. Mit Signaltafeln weisen die Pistendienste auf die Lawinengefahr außerhalb der präparierten Zonen hin. Wird die Lawinengefahr als „erheblich" eingestuft, warnen bereits an der Talstation die Lawinenwarntafel und die Lawinenwarnleuchte mit Blinklicht vor der bestehenden Gefahr. Auf Tiefschneefahrten muß dann in jedem Fall verzichtet werden. Bei akuter Gefahr werden auch präparierte Pisten, Abfahrtsrouten und Skiwege mit Sperrtafeln, Absperrseilen, Wimpeln, Orientierungstafeln und sogar mit roten Signallichtern abgesperrt. Doch immer häufiger sind Bergbahnbetreiber und Experten verblüfft und ratlos: Warnungen, Absperrungen und

Sperrtafeln, Absperrseile, Wimpel, Orientierungstafeln oder rote Signallichter weisen auf akute Lawinengefahr hin. Die Befolgung dieser Hinweise kann über Leben und Tod entscheiden. **Bild: SLF.**

Die Handsprengung kann nur an leicht zugänglichen Orten durchgeführt werden. **Bild: SLF.**

Blinklichter werden mißachtet, oft spielen gerade junge Menschen aus Mangel an Kenntnissen und Vernunft mit ihrem Leben. Denn wer sich in Lawinengefahr begibt, begibt sich dabei immer auch in Lebensgefahr.

Da jede gesperrte Piste und jeder stillstehende Skilift für die Bergbahnunternehmen eine finanzielle Einbuße bedeuten, werden die Pisten nach großen Schneefällen möglichst rasch wieder lawinensicher gemacht und präpariert. Dazu gehört das künstliche Auslösen von Lawinen, das nur die in einem Sprengkurs ausgebildeten Pistenkontrolleure der Sicherungsdienste durchführen dürfen. Mit Sprengstoff werden besonders gefährliche Hänge von den großen Schneemassen entlastet. In leicht zugänglichen Stellen wird eine Handsprengung durchgeführt, in unzugängliches Anrißgebiet wird mit Raketenrohren oder Minenwerfern geschossen. Heute werden meistens mit Reißzündern versehene Sprengstoffpakete aus einem Helikopter in den potentiellen Lawinenhang abgeworfen. Ist die Schneedecke schwach genug, löst sie sich kurz nach der Explosion der Sprengladung. Wenn nicht, wird angenommen, daß die Schneedecke auch der Belastung durch einen Skifahrer standhält. Die auf diese Weise künstlich ausgelösten Lawinen können auch den Aufbau einer mächtigen Schneedecke und damit den Abgang einer einzigen großen Schadenlawine verhindern.

Mit Raketenrohren (oben) und Minenwerfern (Mitte) werden in unzugänglichem Anrißgebiet Lawinen künstlich ausgelöst.
Unten: Ist die Schneedecke schwach genug, löst sie sich kurz nach der Explosion der Sprengladung. Bilder: SLF.

Rettungsmaßnahmen – ein Wettlauf mit der Zeit

Marcia Phillips hatte kein gutes Gefühl. Dieser Hang im Val d'Arpette im Unterwalliser Trient-Gebiet hatte ihr schon auf der Karte nicht so recht gefallen. Aber war die Lawinengefahr wirklich so groß? Das Bulletin hatte von einer „mäßigen" Gefahr gesprochen. Zwei Tage zuvor hatte es noch geschneit, wenn auch nur wenige Zentimeter. Der Aufstieg würde in einer engen Rinne entlang eines Hängegletschers erfolgen, doch was tun, wenn sich dabei eine Lawine lösen sollte? Hatte Marcia eine Vorahnung, die sie plagte?

Schon am Morgen in aller Frühe waren Marcia und ihr Freund zu dieser Tour aufgebrochen. Marcia war seit ihrer Jugendzeit eine geübte Tourengängerin und ging beinahe jedes Wochenende ihrem Hobby nach. So auch an diesem 9. Mai, dem Auffahrtstag 1991. Der Tag versprach herrlich zu werden, als die beiden bereits um sieben Uhr morgens das erste große Schneefeld, das der Rinne vorgelagert war, überquerten. Marcia hatte kalte Finger, die zu kribbeln begannen. „Diese Skitour bringt mir wirklich kein Glück", dachte sie deshalb ärgerlich, als sie am Fuß der Rinne Skier und Felle auf den Rucksack packte, um den Aufstieg in diesem steilen Gelände zu Fuß fortzusetzen.

Marcia hatte eine gute Kondition und war sportlich geübt. Trotzdem mußte sie immer heftiger atmen, um den Aufstieg zu bewältigen. In ihrem Blickfeld sah sie vor sich die Skischuhe ihres Freundes, die sich sicher von einem Tritt zum nächsten hochschoben. Der Abstand zwischen Marcia und ihrem Freund vergrößerte sich, schließlich verlor sie die vor ihr gehenden Schuhe aus den Augen und sah nur noch die zurückgelegte Spur dem Gletscher entlang. Ringsum war es schattig und still, einzig ihre keuchenden Atemzüge waren zu hören. Eben fragte ihr Begleiter: „Ist dieser Rhythmus gut für dich?"

Marcia erzählt: „Da sah ich meinen Freund durch die Luft fliegen. Was macht er denn da, dachte ich noch, dann verlor ich selber den Boden unter den Füßen und wurde hochgeschleudert. Von klein auf darauf konditioniert, in einem solchen Fall Skier und Stöcke wegzuwerfen, versuchte ich, die Skis auszuziehen, die doch auf meinen Rucksack geschnallt waren. Mit Schwimmbewegungen wollte ich mich an der Oberfläche der Schneemassen halten. Dabei füllten sich Mund, Nase und Ohren, die Brille, die Kleider, einfach alles mit Schnee, und ich geriet zunehmend in Panik. Dieser wahnsinnige Druck war kaum auszuhalten: Es war, als führe ein Lastwagen über mich hinweg. Manchmal verlief die Fahrt mit dem Schnee schneller, manchmal etwas langsamer. Manchmal war ich von ihm zugedeckt, manchmal flog ich obenauf. Von Zeit zu Zeit sah ich meinen Freund neben mir daherfliegen: Er hatte sich zusammengerollt und hielt die Arme vor das Gesicht. Schließlich wurden wir beide mit aller Wucht aus dem Schnee geschleudert und kamen beinahe nebeneinander auf dem Lawinenkegel zu sitzen."

Marcia und ihr Freund hatten viel Glück gehabt. Sie überlebten, doch die Wächte, die von Skitouristen oben auf dem Grat losgetreten worden war, hätte sie genausogut unter ihren Schneemassen begraben und ersticken können. Marcia fährt fort: „Was mir dabei durch den Kopf ging? Sicher dauerte diese Sturzfahrt mit der Lawine nicht lange, aber ich weiß noch, daß ich dachte: Wenn ich jetzt nicht atmen kann, dann ... und ich hoffte, daß mein Sterben schnell gehen würde. Doch ich fühlte auch eine Stärke, die ich normalerweise nicht habe. Ich kämpfte um mein Leben ..."

Marcia Phillips, die heute als Geografin beim SLF an ihrer Dissertation arbeitet, hat viel aus diesem Erlebnis gelernt. Sie weiß jetzt, wovon sie spricht, wenn sie eine Lawine beschreibt. Eine solche Kraft hätte sie sich nie vorstellen können! Fertig werden mußte Marcia auch mit den Folgen dieses Erlebnisses. Der materielle Verlust war zu verkraften, aber die Alpträume, die seien nächtelang immer wiedergekommen. Und einige Zeit später, als sie wieder einmal so eine lange Rinne hochstieg und ein Flugzeug über sie hinwegdonnerte, sei das alte Angstgefühl ganz plötzlich wieder dagewesen. In Erinnerung bleibt ihr auch das unendliche Gefühl der Dankbarkeit, als sie merkte, daß sie den Lawinenniedergang überlebt hatte.

Hilfeleistung und Hilfsmittel

Nicht immer läuft ein Lawinenunfall so glimpflich ab. Marcia Phillips ist sich bewußt, daß alles auch anders hätte kommen können – wie bei einer Familie aus dem Unterland, deren Leben sich von einem Augenblick zum andern für immer verändern sollte:

Mit seinen zwei erwachsenen Söhnen verbrachte ein Ehepaar seinen Winterurlaub in Zermatt. Der Vater und die Söhne, alle drei begeisterte Tourengänger, wollten in diesen Tagen ein paar Skitouren in die nähere Umgebung machen. Am 29. Februar 1996, schon am frühen Morgen kurz nach sieben Uhr, fuhren die drei, ausgerüstet mit allem, was für eine Skitour notwendig ist, mit den Bergbahnen auf das Stockhorn. Nach der Traversierung des Findelgletschers erreichten sie kurz nach elf Uhr den Steilhang, der zum Adlergletscher hochführte. Die drei Männer beurteilten von unten her diese steile Südwestflanke. Sie stuften den Hang zwar als nicht ungefährlich, aber begehbar ein und entschieden sich deshalb, hintereinander und in genügend großem Abstand den Aufstieg in Angriff zu nehmen.

Unterwegs verlor der Vater eines der Haftfelle. Die beiden Brüder warteten auf ihn und beschlossen, daß der jüngere von ihnen seine Felle dem Vater überlassen und in direkter Linie zum Adlergletscher hochklettern solle. Nur kurze Zeit später geriet der ganze Hang ins Rutschen. Das große Schneebrett erfaßte alle drei und riß sie rund 180 Meter weit über felsdurchsetztes Gelände in die Tiefe. Während der ältere Bruder und der Vater in den Schneemassen verschwanden, wurde der jüngere Bruder nur zum Teil verschüttet und konnte sich selber aus dem Schnee befreien. Mit seinem Lawinenverschüttetensuchgerät konnte er seinen Bruder orten und ihn aus einer Tiefe von anderthalb Metern ausgraben. Als er sah, daß für seinen Bruder jede Hilfe zu spät kam, machte er sich entkräftet und verzweifelt auf, um die Bergrettung zu alarmieren. Diese konnte den Vater nur noch tot bergen ...

Jedes Jahr sterben rund 100 Menschen in Lawinen, durchschnittlich 26 davon in der Schweiz. Während in früheren Jahrzehnten hauptsächlich die großen Lawinenzüge Tod und Verderben brachten, sind es heute vor allem die für Siedlungen und Straßen eher ungefährlichen Schneebretter, die immer wieder einen oder mehrere Wintersportler unter sich begraben. Über 90 Prozent aller Verschütteten haben die Schneemassen, die sie begraben, auch selber ausgelöst. Wurden früher die Opfer vor allem in ihren Häusern oder am Arbeitsplatz verschüttet, verunglückten später eher Alpinisten. Heute scheint sich der Trend noch einmal in Richtung Snowboarder und Tiefschneefahrer zu verschieben.

Vorsicht ist der beste Lawinenschutz

Dabei ist das Bedürfnis von immer mehr Wintersportlern, die mit sich und der Natur außerhalb des Rummels auf präparierten Pisten in Einklang sein wollen, verständlich. Solche Erlebnisse sind für viele eine Bereicherung im oft hektischen Alltag, und die Beziehung zur Natur und deren Schönheiten kann die ganze Lebenshaltung beeinflussen. Allerdings gilt es, eine ganze Reihe von Verhaltensregeln zu beachten, soll dabei nicht das eigene Leben und das anderer riskiert werden.

Doch was tun, wenn sich trotz aller Vorsichtsmaßnahmen ein Schneebrett löst? Guten Skifahrern gelingt es manchmal noch, sich aus der gefährdeten Zone in Sicherheit zu bringen und vor der Lawine zu fliehen. Wurde der Hang vorher gut beobachtet, kann vielleicht hinter einem Felsen oder einer Baumgruppe Schutz gesucht werden. Auf diese Weise konnten sich auch zwei Mitglieder einer vierköpfigen Tourengruppe retten, die an einem schönen Wintertag im Januar 1996 zum beliebten Skitourengipfel Chil-

alphorn in Graubünden aufgestiegen waren. Als Abfahrtsvariante wählten sie eine direkte Route; aus den gut sichtbaren Spuren war zu schließen, daß bereits andere Skitouristen an dieser Stelle hinuntergefahren waren. Später gab ein Mitglied der Unfallgruppe zu Protokoll:

„Ich fuhr voraus, gefolgt von meinem Kameraden. Etwa beim dritten Halt nach dem Gipfel hielt ich auf einer Felsnase an, mein Kamerad befand sich nur einen Meter oberhalb von mir. Plötzlich hörte ich zwei dumpfe Töne. Sofort realisierte ich, daß sich ein Schneebrett gelöst hatte, warnte meine Kameraden und fuhr selber mit hohem Tempo geradeaus den Hang hinunter, wobei ich mich nach rechts hielt und mich so aus dem Gefahrenbereich retten konnte. Mein Kamerad, der neben mir stand, muß eine Drehung in die andere Richtung gemacht haben... Mein anderer Kollege und dessen Freundin hielten sich zu diesem Zeitpunkt et-

Vorsichtsmaßnahmen

– Das Lawinenbulletin, den Wetterbericht, die Warnungen der Pisten- und Sicherungsdienste beachten.
– Die Tour nie allein unternehmen und sich über das Gelände anhand von Karten schon vorher orientieren.
– Am Morgen frühzeitig zur Tour aufbrechen und die tageszeitlichen Temperaturschwankungen beachten.
– Ein Lawinenverschüttetensuchgerät (LVS) tragen, auf „senden" stellen und eine Lawinenschaufel mitführen.

– Nicht fremden Spuren folgen, die in unbekanntes Gelände führen.
– Im Gelände wachsam bleiben, beobachten und laufend Neubeurteilungen der Situation vornehmen.
– Beim Aufstieg und bei der Abfahrt an kritischen Hängen von einer Person zur anderen einen Sicherheitsabstand einhalten.
– Vor der Abfahrt den Hang analysieren: Wo lege ich die sicherste Spur? Wo würde ich mich vor einer Lawine in Sicherheit bringen?

was höher im Gefahrenbereich auf. Während die Freundin sich auf die Felsnase retten konnte, wurde ihr Begleiter vom Schneebrett ebenfalls erfaßt und über das darunterliegende Felsband mitgerissen."

Kann man sich nicht mit einer Schußfahrt aus der Gefahrenzone retten oder hinter einem Geländehindernis Schutz suchen und spürt man, daß man von den Schneemassen erfaßt wird, gilt in der Regel: Alle sperrigen Gegenstände wegwerfen, wenn möglich sich von Skiern, Stöcken und dem Rucksack befreien und versuchen, mit Schwimmbewegungen an der Oberfläche der Lawine zu bleiben. Wird man von den Schneemassen überrollt, gilt es, die Knie gegen die Brust zu ziehen und die Arme vor dem Gesicht zu verschränken, um sich so eine Atemhöhle zu schaffen. Wer nur teilweise im Schnee vergraben oder unter einer lockeren Schneedecke liegt, kann sich vielleicht noch selber befreien. Der immer nach unten tropfende Speichel zeigt, in welcher Richtung gegraben werden muß. Rufen nützt nicht viel. Verschüttete hören zwar oft die Stimmen ihrer Retter, können sich selber aber nicht immer verständlich machen: Liegt nämlich der Schnee zu dicht vor ihrem Mund, verunmöglicht er die Ausbreitung des Schalls. Die unter dem Gewicht einer Naßschneelawine Begrabenen können nicht viel anderes tun als warten und hoffen, daß sie bald gefunden werden. Geduld, Hoffnung und Ruhe sind ihre einzigen, wenn auch kleinen Waffen in diesem ungleichen Kampf ums Leben. Verlieren sie den Kampf, führen Sauerstoffmangel und Unterkühlung schließlich zum Tod.

Die Statistik zeigt, wie dramatisch sich schon innerhalb der ersten Stunde die Überlebenschancen der Verschütteten verringern. Bild: SLF.

Jede Minute zählt...

Wieviele Unfallopfer sterben, bevor die Lawine zum Stillstand kommt, läßt sich nicht mit Gewißheit sagen. Sie stürzen dabei über Felsen oder werden von mitgeführten Steinen oder Bäumen erschlagen oder prallen auf Hindernisse auf. Etwa 90 Prozent aller Verschütteten überleben, wenn sie innerhalb der ersten 15 Minuten nach einem Unfall gefunden werden. Doch nach dieser Zeit sinken ihre Überlebenschancen drastisch: Nach einer halben Stunde leben noch etwa die Hälfte, nach 45 Minuten nur noch rund ein Viertel von ihnen. Wird ein Verschütteter noch nach über einer Stunde aus dem Schnee geborgen, grenzt seine Rettung schon beinahe an ein Wunder.

Eine Rettungsmannschaft kann in den seltensten Fällen in weniger als dreißig Minuten auf dem Lawinenfeld organi-

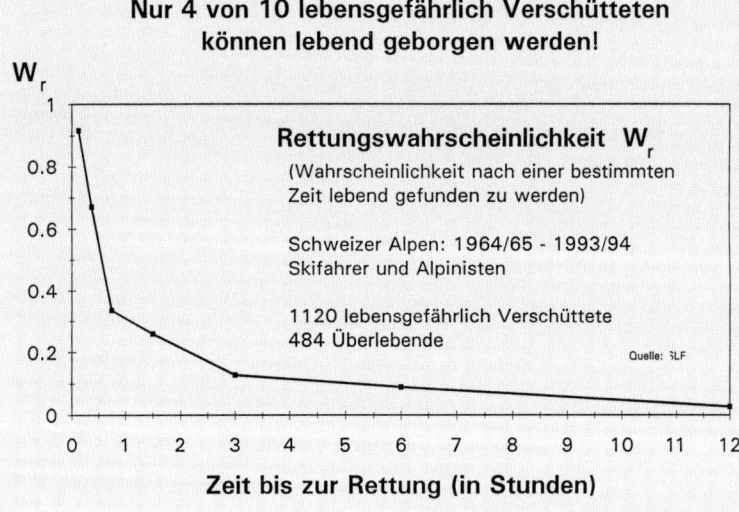

Nur 4 von 10 lebensgefährlich Verschütteten können lebend geborgen werden!

Rettungswahrscheinlichkeit W_r
(Wahrscheinlichkeit nach einer bestimmten Zeit lebend gefunden zu werden)

Schweizer Alpen: 1964/65 - 1993/94
Skifahrer und Alpinisten

1120 lebensgefährlich Verschüttete
484 Überlebende

Quelle: SLF

W_r

Zeit bis zur Rettung (in Stunden)

siert werden. Ihr bleibt oft genug nur noch die traurige Aufgabe, die Verschütteten als Leichen aus den Schneemassen herauszuholen. Eine Lebendbergung ist für jeden Retter ein besonderes und einmaliges Erlebnis, das er nie mehr vergißt.

„Es ist ein großartiges, ein herrliches Gefühl", sagt Bernhard Bühler, „für jeden Hundeführer ist eine Lebendbergung das Höchste, was er erreichen kann". Der Lawinenhundeführer und stellvertretende Rettungschef aus Adelboden wurde am Neujahrstag des Jahres 1986 mit seiner damaligen Schäferhündin Vera zu einem Einsatz gerufen: Lawinenunglück in einem Steilhang am Laweygrat oberhalb von Adelboden, eine Verschüttete wurde noch vermißt. Die Rettungsflugwacht (Rega), avisiert von den fünf Kameraden, die sich vor der Lawine in Sicherheit bringen konnten und die bereits verzweifelt nach ihrer Kollegin suchten, brachte ihn mit seiner Hündin Vera und einem Arzt als erste auf den Lawinenkegel. Vera nahm sofort die Suche auf und zeigte bereits nach fünf Minuten den Liegeplatz der Verschütteten an. Die junge Frau wurde noch 40 Minuten nach dem Unfall lebend geborgen. Sie lag unter einer 60 Zentimeter hohen Schneedecke und war bewußtlos. Der Arzt leitete Sofortmaßnahmen ein, und die Rega flog die Verunglückte mit nur leichten Verletzungen ins Berner Inselspital, wo sie sich schon am nächsten Tag wieder besser fühlte. Bis zum Tod der Schäferhündin besuchte die junge Frau regelmäßig ihren Retter und die Hündin, und wenn Bernhard Bühler heute Bilanz zieht, ist für ihn klar: „Diese Rettung war das schönste Erlebnis in meiner Arbeit als Lawinenhundeführer."

Manchmal kommt die Rettung nur um Minuten zu spät: Ende Dezember 1995 verbrachten drei italienische Freunde wie schon vorher oft ihre Weihnachtsferien in Verbier im Wallis. Sie waren begeisterte und gute Skifahrer und genossen das gute Wetter und den schönen Pulverschnee. Am späteren Nachmittag des 28. Dezember verließen sie die gesicherte Piste, um noch eine Pulverschneeabfahrt durch den Tiefschnee zu wagen. Dabei löste der zuvorderst Fahrende in einer nach Nordosten exponierten Mulde ein Schneebrett aus, das ihn mit sich in die Tiefe riß. Sofort begann einer der Freunde den Lawinenkegel abzusuchen, während der andere die nahe gelegene Rettungsstation alarmierte. Bereits wenige Minuten später erreichte eine Patrouille von drei Mann die Unfallstelle und nahm die Suche auf, nach nur einer Viertelstunde kam schon das erste Lawinenhundeteam zum Einsatz. Rund eine halbe Stunde nach dem Unfall ortete einer der Retter mit seiner Sondierstange den jungen Mann in einer Tiefe von weniger als einem halben Meter. Er wurde ausgegraben, sofort begannen die Helfer mit der Reanimation des Verunglückten. Zehn Minuten später traf mit einem Rettungshelikopter der Air Glaciers der Rettungsarzt ein und setzte die Wiederbelebungsmaßnahmen fort. In besorgniserregendem Zustand wurde der Patient eine Viertelstunde später ins Spital von Martigny geflogen. Zwei Tage lang kämpften dort die Ärzte um sein Überleben - vergebens.

Auch ein kleiner Zufall spielt manchmal den rettenden Engel: Am Neujahrstag 1996 entdeckte zufälligerweise ein Skiliftangestellter des Parsenn-Furka-Liftes in einem vom Pistengebiet her nur schwer einsehbaren Gelände eine Lawine und eine Einfahrtsspur, jedoch keine Ausfahrtsspur. Er alarmierte den Parsenndienst, der den Verschütteten nach rund zwei Stunden lebend bergen konnte. Der Verunglückte erzählt selber: „... Ich verspürte einen starken Schlag im Rücken, und die Schneemassen begruben mich und rissen mich noch weitere 40–50 Meter das Tobel hinunter. Als die Lawine zum Stillstand kam, war ich von den Schneemassen wie einbetoniert, so daß ich nicht einen Finger mehr bewegen konnte. Für mich war klar, daß dies das Ende war! Auf dem Rücken liegend, ohne jegliches Angstgefühl oder Panik, verlor ich das Bewußtsein relativ rasch. Die ersten Erinnerungen kamen wieder, als man mich rund zweieinhalb Stunden nach der Verschüttung aus den Schneemassen befreit und mit der Rega ins Spital von Davos geflogen hatte. Laut Fremdangaben wußte ich meinen Namen und hatte mich bei der Bergung sehr gewehrt. Meine Rettung habe ich einem Skiliftangestellten des Parsenn-Furka-Lifts zu verdanken, der bemerkte, daß eine Lawine abgegangen war, in die Skispuren hinein-, jedoch nicht wieder herausführten. Er alarmierte sofort den Parsenn-Rettungsdienst. Eine Skispitze war an der Oberfläche zu sehen, der Lawinenhund Asta buddelte sofort mein Gesicht aus, das 60 cm unter der Oberfläche lag. 18 Minuten nach Eingang der Lawinenmeldung hatte man mich bereits geborgen. Ohne die aufmerksame Geländebeobachtung des Skiliftangestellten und den ausgezeichnet organisierten Parsenndienst hätte ich dieses Lawinenunglück nicht überlebt."

Manchmal endet eine Skitour mit einem Wunder, so auch für zwei deutsche Tourenfahrer, die im Januar 1996 den nicht ganz 3'000 Meter hohen Piz d'Emmat Dadaint in der Nähe des Julierpasses besteigen wollten. Kurz vor dem Gipfel lösten sie ein großes Schneebrett aus. Einer der Tourenfahrer wurde nur ein kurzes Stück mitgerissen und blieb auf der Gleitfläche des Schneebretts liegen, während der andere mit der Lawine über felsiges Gelände etwa 600 Meter tief abstürzte. Wie durch ein Wunder wurde er nur teilweise verschüttet und konnte sich mit nur leichten Verletzungen bis zur Paßstraße durchkämpfen. Ein weiteres Wunder, daß er bei diesen kritischen Wetterbedingungen nicht in eine zweite Lawine geraten war!

Kameradenhilfe – die effizienteste Rettungsmethode

Da bei einem Lawinenunfall jede Minute, vielleicht sogar jede Sekunde zählt, ist die Kameradenhilfe das wichtigste Rettungsinstrument. Sie kann ohne Zeitverlust sofort aufgenommen werden und bietet die größte Chance, die Opfer lebendig aus dem Schnee zu befreien. Allerdings hängt ihr Erfolg vom Verhalten der nicht verschütteten Kameraden ab. Mit ihrer Reaktion entscheiden sie über Leben und Tod derer, die unter den Schneemassen begraben liegen. Keine Panik darf aufkommen, es gilt, überlegt und gezielt zu handeln. Im Idealfall alarmiert einer der Überlebenden die Rega, die Polizei oder die nächste Rettungsstation, während die anderen unverzüglich mit den Lawinenverschüttetensuchgeräten (LVS), die nun auf „empfangen" gestellt werden, die Suche nach den Verschütteten aufnehmen. Gleichzeitig suchen sie unterhalb des Punktes, wo diese verschwunden sind, den Lawinenkegel mit Auge und Ohr ab. Um Folgeunfälle zu vermeiden, muß dabei ständig die eigene Sicherheit beurteilt werden. Doch auch bei der Kameradenhilfe ist die Rettung ein Wettlauf mit der Zeit: Selbst ein Profi benötigt zum Orten eines Verschütteten ein paar Minuten, weitere wertvolle Zeit verstreicht, bis er ihn ausgegraben und aus dem Schnee befreit hat. Dabei ist die Lawinenschaufel ein lebenswichtiges Instrument. Wird dieses Gerät vergessen, ist es schier unmöglich, einen Verschütteten mit den bloßen Händen auszugraben.

Wie wichtig das Mittragen der LVS-Geräte und rasches Handeln sind, zeigt auch die durch Kameradenhilfe gelungene Rettung eines verschütteten Skitouristen Ende Dezember 1995 im Sulstal im Berner Oberland: Zu viert war die Gruppe unterwegs, allesamt geübte Berg- und Tourengänger, als bei der Querung eines Osthanges der vorderste Fahrer ein Schneebrett auslöste, das ihn mitriß und

**Oben: Ohne Lawinenverschüttetensuchgerät und Lawinen-
schaufel gibt es kaum eine Chance für eine Rettung zur
rechten Zeit. Bild: SLF.
Unten: Helfer der Rettungsflugwacht kümmern sich um die
Verschütteten. Bild: B. Bühler.**

in einer Tiefe von rund anderthalb Metern unter sich begrub. Der in einem Abstand von etwa 30 Metern hinter
ihm gehende Kollege wurde ebenfalls mitgerissen, aber nur
teilweise verschüttet und konnte sich selber aus den
Schneemassen befreien. Sofort nahmen die drei mit ihren
LVS die Suche nach dem Verschütteten auf. Nach fünf Minuten hatten sie ihn geortet, nach weiteren zehn Minuten
aus den Schneemassen ausgegraben. Die Gruppe ist überzeugt, daß nur das einwandfreie Funktionieren der LVS und
die Tatsache, daß sie einen großen Sicherheitsabstand zwischen sich gelegt hatten, sie vor einem schrecklichen Ende
dieser Skitour bewahrt hatte.

Kann ein Verschütteter noch lebend aus den Schneemassen befreit werden, muß Erste Hilfe geleistet werden.
Kopf und Brust werden möglichst rasch freigelegt, danach
wird mit der Mund-zu-Nase-Beatmung begonnen. Das Unfallopfer muß vor weiterer Unterkühlung geschützt werden.

Die organisierte Rettung

Vor rund einem Jahrhundert übernahm der Schweizerische Alpen-Club (SAC) das Bergrettungswesen als eine
seiner Aufgaben. Heute unterhält er den Rettungsdienst im
ganzen schweizerischen Alpengebiet. Dieses ist in elf Ret-
tungszonen eingeteilt, die wiederum aus insgesamt rund
150 Rettungsstationen bestehen. Alle Rettungsstationen
werden durch die SAC-Sektionen unterhalten, denen ein
Rettungschef vorsteht.

Ein Notruf über einen Lawinenunfall setzt den ganzen
Apparat der organisierten Rettung in Bewegung. Er geht
üblicherweise bei der Polizei, bei der Rega oder der entsprechenden lokalen Rettungsstation ein. Diese drei Stellen
sind in ständigem Kontakt untereinander. Die Rega unter-

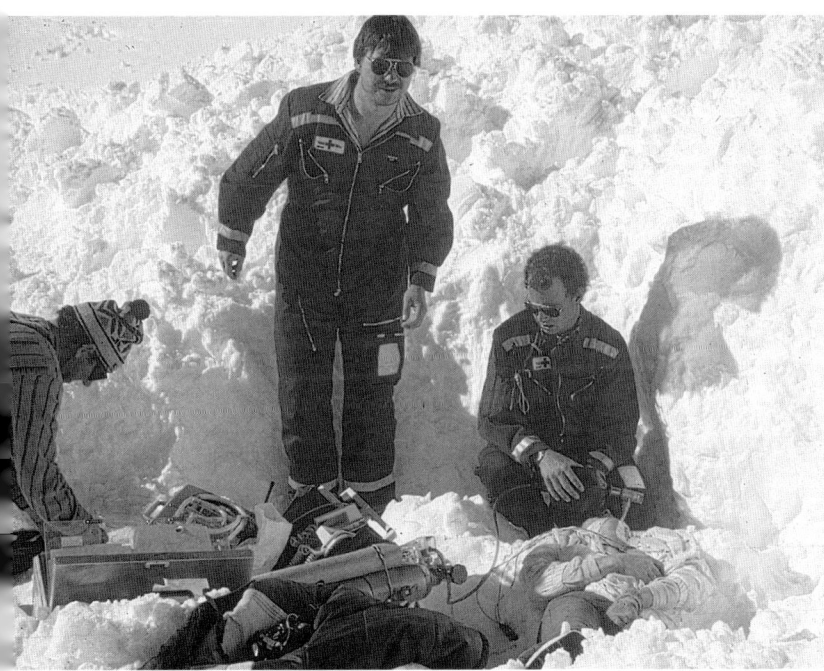

Das Protokoll aus der Rettungszentrale in der Lawinennacht vom 26. auf den 27. Januar 1968 in Davos zeigt den detaillierten Ablauf der durchgeführten Rettungsaktionen. Bild: SLF.

hält in der Schweiz 13 Basen und kann so, wenn die Wetterverhältnisse es erlauben, innerhalb einer Viertelstunde an praktisch jede Unfallstelle gelangen. In jeder Region steht während der Wintersaison eine Lawinenhundeequipe in Bereitschaft. Trifft eine Alarmmeldung ein, bleibt dem Lawinenhundeführer nur wenige Minuten Zeit, um sich umzuziehen, den mit der Grundausrüstung bereits gepackten Rucksack, die Skier, Schaufel, Sonde, Funkgerät und den Hund zu nehmen und damit zum Helikopterlandeplatz zu rennen. Dort wird er, meistens zusammen mit einem Arzt, als erster zur Unfallstelle geflogen.

Gleichzeitig beginnt in der entsprechenden Rettungsstation die Organisation des bevorstehenden Einsatzes. Der Rettungsobmann bespricht mit seinen Einsatzchefs, die alle die lokalen Verhältnisse gut kennen, die zu treffenden Maßnahmen. Sofort nach Eingang einer Unfallmeldung kann eine erste Rettungsmannschaft aufgeboten und zur Unfallstelle gebracht werden.

Hanspeter Allenbach, seit dreißig Jahren Mitglied des Rettungsdienstes Adelboden, erinnert sich noch gut an das eigenartige Gefühl, das ihn bei seinen ersten Einsätzen überkommen hat. Man hört den Helikopter landen und weiß genau: Jetzt ist etwas passiert, der kommt nicht zum Vergnügen, weder als Touristenattraktion noch als Transportmaschine! Früher hat er zu seiner Frau gesagt: Paß auf das Telefon auf und hat schon begonnen, die Sachen für den Ernstfall zu packen. Besonders in Erinnerung geblieben ist ihm einer seiner ersten Einsätze auf der Engstligenalp. Als frischgebackener JO-Leiter (Jugendorganisation) des SAC hatte er gerade seine Ausbildung beendet, als er, damals noch per Telefon, zu einer Rettungsaktion Richtung Wildstrubel aufgeboten wurde. Am Tierhörnli begann die Suche mit den Sondierstangen. Nur wenig später hieß es,

Freitag, 26. Januar 1968

13.30 Uhr:	Sitzung mit dem Kleinen Landrat im Hotel Flüela.
14.00 Uhr:	Rettungsmannschaften des SAC auf Pikett gestellt.
14.55 Uhr:	Auftrag des Landammans, die Familie R. zu evakuieren.
15.05 Uhr:	3 Mann auf Böden unterwegs.
16.20 Uhr:	Rückmeldung dieser 3 Mann, Fam. R. mit 6 Personen evakuiert.
17.17 Uhr:	Auftrag von Polizeivorsteher Schmid: Auf Böden, Casa Molka, 2 Familien zu evakuieren.
(...)	
	Lawinenniedergang auf Egga: Ehepaar O. wird vermisst.
ca. 23.25 Uhr:	Auftrag von Landammann: SAC Kolonne nach Parkareal, neuer Lawinenniedergang.

Samstag, 27. Januar 1968

ca. 00.25 Uhr:	Funk an Landammann vom Parkareal: 3 Häuser teilweise verschüttet und beschädigt. Leute evakuiert, warten auf neue Befehle.
ca. 00.30 Uhr:	Kolonne Kaufmann erhält im Parkareal Auftrag durch Kirchhofer: sofort zur Färbi, neuer Lawinenniedergang.
00.40 Uhr:	Feststellung des verschütteten Haupteingangs des Spitals und sofortige Beorderung einer KVD-Schneeschleuder dorthin.
ca. 00.45 Uhr:	Beginn der Such und Bergungsarbeiten auf der Lawine Färbi mit anfänglich 10 Mann SAC, ca. 15 Mann Feuerwehr und 1 Lawinenhund (Hürlemann).

Des starken Sturmes wegen wurde kein Lawinenunfall-Protokoll geführt. Im Laufe der Nacht meldeten sich laufend angeforderte Hilfskräfte mit Material, wie Notstromgruppe, Ambugerät, Rettungsschlitten etc. sow Ärzte und Lawinenhundeführer mit ihren Vierbeinern.

Zwischen 00.45 Uhr und 04.57 Uhr konnten wir von den insgesamt 10 Verschütteten 3 tot und 6 lebend berge ein Verschütteter konnte sich selbst befreien.

06.00 Uhr	wurden wir durch ein Feuerwehrdetachement, Kommando W. Baumgartner abgelöst, das die Bergung des Viehes und der Pferde übernahm.
06.15 Uhr:	Kolonne Kaufmann meldet sich im Büro Alpenluft zurück.
06.17 Uhr:	Meldung von Frau Kessler: Lawinenniedergang auf Wolfgang ohne genaue Angaben der Verschütteten, es werden dringend Sondierstangen benötigt.
ca. 07.00 Uhr:	Lawinenhundeführer Hämmerli, Laret, wird von Basisbüro zur Unfallstelle Wolfgang beordert.
ca. 07.30 Uhr:	Anfrage von Landammann, ob er eine Schneeschleuder der RhB organisieren könne, um eine Rettungskolonne nach Wofgang zu transportieren. RhB gibt keine Antwort.
?	Das Risiko, eine Kolonne zu Fuss nach Wolfgang zu senden, ist zu gross. SAC Klosters anerbietet sich, eine Kolonne von Klosters nach Wolfgang zu senden, was leide auch misslingt.
10.10 Uhr:	Meldung Joos Müller: Lawinenniedergan in der Duchli, man hört Hilferufe.
?	Nic. Kindschi mit 12 Mann nach der Duchli unterwegs.
10.45 Uhr:	Auftrag: 4 Personen im Haus Ingrina zu evakuieren.
10.48 Uhr:	Lawinenhundeführer Mayor wird durch Basisbüro aufgeboten.
11.00 Uhr:	Ankunft der SAC Kolonne in der Duchli.
11.15 Uhr:	Duchli meldet: Verschüttungsort lokalisiert, 2 Verschütete Vater und Sohn Casutt.
11.20 Uhr:	Kolonne meldet sich mit 4 Evakuierten Haus Ingrina zurück.
(...)	
12.12 Uhr:	Ankunft Lawinenhund in der Duchli (Mayor).
12.26 Uhr:	Lawinenhund zeigt an. Arzt wird verlangt.
12.42 Uhr:	Arzt Dr. Jürg Frei mit Ratrac und Rettungsschlitten nach Duchli unterwegs.
12.55 Uhr:	Funk von Duchli: 2 Mann geborgen, es werden Wiederbelebungsversuche gemacht (Ambu).
13.05 Uhr:	Arzt in Duchli angekommen.
13.13 Uhr:	Arzt zu C. Stiffler beordert.
13.30 Uhr:	2 weitere Personen werden auf Egga evakuiert.
14.07 Uhr:	Bossi meldet: Fam. Kaiser (Egga) ist mit Sicherheit verschüttet. Tel. mit Landammann: Suchaktion aus Sicherheitsgründen noch aufschieben.
14.25 Uhr:	Tel. von Landammann: Fam. H. 2 Erwachsene und 3 Kinder von Palüda zu evakuieren.
14.30 Uhr:	Kolonne Kindschi meldet sich im Basis Alpenluft zurück. 1 Mann lebend, 1 Mann tot geborgen.
(...)	
18.00 Uhr:	Meldung Hämmerli: Aktion Wolfgang beendet, 1 Verletzter, 4 Tote geborgen. Hämmerli bleibt bis Mitternacht mit Basis (Alpa 7) in Funkverbindung (Rega 6).
(...)	

Oben: Lawinenhundeteams gelangen auf dem Unfallplatz als erste zum Einsatz. Bild: SLF.
Rechts: Das Sondieren, bei welchem schrittweise der ganze Lawinenkegel abgesucht wird, ist eine personen- und zeitintensive Suchmethode. Bild: SLF.

der Hund habe das Opfer gefunden. Der Tote war der JO-Chef der SAC-Sektion Neuenburg, mit dem Allenbach zwei Wochen vorher den Kurs beendet hatte. Dies war ein unglaublicher Schock! Allenbach glaubt, daß er nach all den Jahren und so vielen Rettungseinsätzen schon etwas abgehärtet und vielleicht auch abgestumpft worden ist. Doch Gedanken macht er sich immer wieder, und er sinniert weiter: „Wenn meine Kerze so auslöschen soll – dann kann ich wohl nicht ausweichen..."

Auf einem Unfallplatz ist die Rettung bis ins kleinste Detail durchorganisiert und besprochen. Da eine großangelegte Aktion mehrere Tage dauern kann, müssen meist auch Fragen des Nachschubs, der Ablösung und des Transports geklärt werden. Mitglieder des Rettungsdienstes beurteilen laufend die eigene Sicherheit, weisen die landenden Helikopter ein und betreuen die Unfallopfer. Als Mindestaufgebot werden bei jedem Lawinenunfall ein Helikopter mit einem Arzt an Bord, vier Lawinenhundeteams, 20 Helfer und entsprechendes Material eingesetzt. Ein Unter-

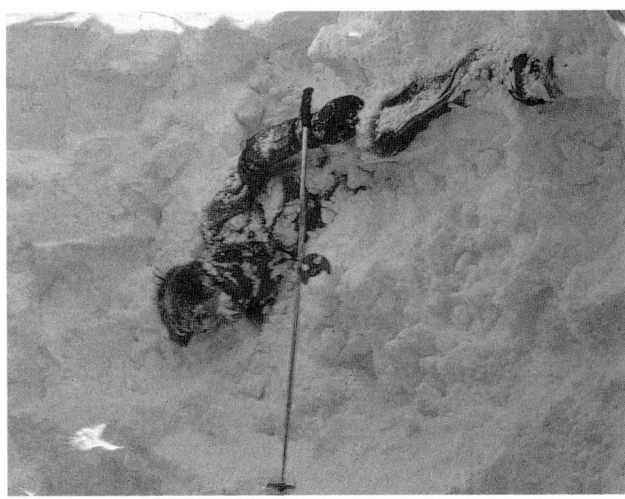

Oft können die Lawinenopfer nur noch tot geborgen werden. Bilder: B. Bühler.

Der ABS-Rettungsballon: Der im Notfall aufblasbare Ballon hält das Opfer an der Oberfläche einer Lawine. Bild: SLF.

suchungsrichter begibt sich von Amtes wegen auf den Unfallplatz, stellt die Beweislage sicher und nimmt Zeugenbefragungen vor. In der Rettungsstation koordiniert die Zentrale sämtliche Aktionen.

Kommen die Rettungsmannschaften auf das Lawinenfeld, gelangen die verschiedensten Suchmittel und -systeme

zum Einsatz. Dabei ist die Suche mit Auge und Ohr während des ganzen Einsatzes immer noch das wichtigste Instrument und eine Selbstverständlichkeit.

Grundsätzlich gelangen bei jeder Rettungsaktion zuerst die Lawinenhundeteams zum Einsatz, da die Hunde zu diesem Zeitpunkt die Witterung am besten aufnehmen

können. Erst danach finden die verschiedenen Suchinstrumente Anwendung.

Verschiedene Hilfs- und Suchinstrumente

Beim Sondieren stoßen zehn bis zwanzig Helfer, die auf einer Reihe stehend schrittweise den Lawinenkegel absuchen, mit bis zu sechs Meter langen Sondierstangen in die Schneedecke. Treffen sie dabei auf ein Hindernis, graben nachfolgende Helfer die vermuteten Verschütteten aus. Eine solche Suchaktion ist sehr personenintensiv, denn die Schneedecke muß systematisch und lückenlos abgesucht werden. Da nach rund einer Stunde Ermüdungserscheinungen und Konzentrationsmängel auftreten, muß die Rettungsmannschaft abgelöst werden. Mit Grob- und Feinsondierungen werden mit Hilfe dieses Systems fast 100 Prozent aller Opfer gefunden. Da diese Suchmethode aber auch viel Zeit beansprucht, sind darunter kaum noch Überlebende.

Sollen elektronische und elektromagnetische Suchgeräte Erfolg haben, müssen Verschüttete ein Sende-Empfänger-Gerät mit sich tragen, dessen Signale von Empfängern aufgefangen werden können. Zu diesen Geräten gehört das Barryvox, das in der Schweiz gebräuchlichste und auch in der Schweizer Armee verwendete Lawinenverschüttetensuchgerät (LVS). Bei Skifahrern recht verbreitet ist auch der Recco-Reflektor. Dieses kleine, in der Anschaffung günstige elektronische Plättchen hat problemlos irgendwo in der Ausrüstung Platz. Mit den entsprechenden Peilgeräten sind allerdings erst die Helikoptergebirgsstationen und einige Bergbahnen ausgerüstet. Sie müssen jeweils mit dem entsprechenden Zeitverlust zur Unfallstelle geflogen werden.

Bei Verschüttungen in Siedlungsgebieten können auch Minensuchgeräte und Magnetsonden eingesetzt werden, manchmal ist sogar das Umgraben der Schneeablagerungen notwendig. Und schließlich kann es auch vorkommen, daß eine Rettungsaktion nach einigen Tagen immer noch keinen Erfolg aufweist. Dann gibt oft erst das abtauende Schneefeld im Frühling die Toten frei.

Noch nicht ganz erprobt, aber vielversprechend für die Zukunft scheint der ABS-Ballon zu sein. Wie ein Rucksack wird er beim Fahren abseits markierter Pisten auf dem Rücken getragen. Beim Losbrechen einer Lawine wird mit einem festen Zug an der Reißleine eine Druckpatrone gezündet, die in Sekundenschnelle 150 Liter Luft in den Ballon preßt. Der aufgeblasene Ballon hält das Opfer an der Oberfläche der abgehenden Lawine, so daß es von den Schneemassen nicht oder nur wenig verschüttet werden kann.

Noch ist der Einsatz dieser Airbags nicht unumstritten. Fachleute fürchten, daß mit einem solchen Rettungsballon am Rücken noch mehr Risiken eingegangen und unbesonnene Tiefschneefahrer sich damit auch bei großer Gefahr zu sehr in Sicherheit wiegen würden.

„Lockt der Pulverschnee, bockt der Verstand"

Unter diesem Titel widmete am 4. März 1997 die Berner Zeitung unvorsichtigen Wintersportlern eine ganze Seite. Kein Zweifel: Für viele scheint ein echtes Erlebnis nur noch abseits der Skipisten möglich zu sein. Doch Tiefschneefahrten bedeuten immer auch Lawinengefahr. Während bei den Tourenfahrern das Bewußtsein um diese Gefahr in den letzten Jahren deutlich zugenommen hat, fehlt es häufig den jugendlichen Variantenfahrern und Snowboardern. Diese suchen mit ihren Brettern, kräftig unterstützt von Werbung und Fernsehen, die Faszination und den „Kick" im Tiefschnee. Risk is fun. Leichtsinn ist die häufigste Ursache für Lawinenunfälle: Jugendliche Wintersportler kommen oft aus dem Flachland und haben keine Ahnung von den Verhältnissen in den Bergen. Viele setzen sich über Warnungen, Absperrungen und oft sogar über Blinklichter hinweg und setzen damit die Todesmaschinerie selber in Gang.

Am Heiligen Abend 1995 begann für zwei 16- und 18jährige Brüder mit ihrer Mutter der Winterurlaub in Montana im Wallis. Zum ersten Mal waren sie in diesem Ferienort, sie kannten weder die Gegend noch die Pisten. Doch die Jungs waren voller Tatendrang und unbeschwert; sie liebten das Abenteuer und gewagte Pulverschneeabfahrten. Am Weihnachtstag verließen sie am Morgen um neun Uhr ihre Ferienwohnung und versprachen der Mutter, gegen 17 Uhr wieder zurück zu sein. Der Tag verging, 17 Uhr war längst vorüber - die beiden Jungen kehrten nicht zurück. Gegen halb zehn Uhr alarmierte die Mutter die Kantonspolizei Wallis. Diese informierte den Rettungschef der SAC-Sektion Montana-Vermala. Abklärungen in Bars, Nachtlokalen, Restaurants und Berghütten in der Umgebung brachten kein Ergebnis. Eine Polizei-Patrouille suchte alle Wege und Bergbahnstationen nach den Skiern und dem Snowboard der Vermißten ab. Ohne Erfolg. Um drei Uhr in der Frühe wurden die Aktionen abgebrochen, sie sollten am kommenden Morgen wieder aufgenommen werden.

Das Wetter verschlechterte sich. Der Einsatz eines Helikopters war während des ganzen Tages unmöglich. Drei Gruppen von Bergführern suchten die Gegend nach Spuren ab und fanden abseits der markierten Piste Richtung Vallon de l'Ertentse noch schwache, windverblasene Spuren, die von einem Snowboarder und einem Skifahrer herrühren mußten. Die Spuren endeten in einem Schneebrett, dessen Sturzbahn über die Felsen mehrere hundert Meter hinab in die Tiefe führte. Die schlimmsten Befürchtungen wurden bestätigt...

Zu Fuß konnte das unzugängliche Gelände nicht erreicht werden. Bessere Wetterverhältnisse mußten abgewartet werden, um die Suche nach den beiden Vermißten mit dem Helikopter aufzunehmen. Bereits am kommenden frühen Morgen konnte zu einem Suchflug gestartet werden. Um 8.07 Uhr wurden die Leichen der beiden Brüder entdeckt: Sie lagen unverschüttet auf dem Schnee, am Fuß der rund 500 Meter hohen Felsflanke. Sie hatten keine Chance gehabt, den Absturz zu überleben...

Ohne das Gelände zu kennen, hatten die beiden Burschen trotz gut sichtbarer, viersprachiger Warntafeln und Absperrungen die markierten Pisten verlassen. Unnötig und tragisch war ihr Tod, mit minimalen Vorsichtsmaßnahmen wäre er zu verhindern gewesen.

Auch die drei italienischen Gäste (vgl. S. 153), von denen einer bei Verbier in einer Lawine umkam, hatten ihr Leben leichtsinnig aufs Spiel gesetzt: Keiner verfügte über Erfahrung im winterlichen Gebirge und in der Beurteilung der Lawinengefahr, keiner besaß ein Lawinenverschüttetensuchgerät, keiner hatte Informationen über die aktuell herrschende Lawinensituation eingeholt, und alle drei hatten sich über die Lawinenwarntafeln und sogar über die Warnleuchten hinweggesetzt.

Auch die drei Wintersportler, die am 20. Februar 1996 mit gemieteten Schneeschuhen und Snowboards eine Tour von Arolla aus Richtung Col de Riedmatten unternehmen wollten, verschwendeten keinen Gedanken an mögliche Gefahren. Unbekümmert und unbeschwert – sie hatten bereits in den Tagen vorher die wegen Lawinengefahr gesperrte Piste Les Fortanesses – Mont Dolin – Arolla bewußt befahren – beschlossen sie, mit den Schneeschuhen zum Mont Rouge aufzusteigen und von dort aus mit ihren Snowboards über die steile, mehrere hundert Höhenmeter abfallende Ostnordostflanke zum Skigebiet Les Fontanesses zurückzufahren.

Die drei hatten keine Angst und keinen Respekt vor der Natur, auch keine großen Erfahrungen im Gebirge und keine Kenntnisse der genauen Routenwahl, die ihnen von

Leichtsinn, grobe Fahrlässigkeit, Risikobereitschaft – wer zahlt?

Doch wer elementare Vorsichtsgebote außer acht läßt, handelt grob fahrlässig. Nach diesem Grundsatz kürzen bei Unfällen Versicherungsgesellschaften ihre Geldleistungen - und können damit Beteiligte in den finanziellen Ruin treiben: Eine Suchaktion mit mehreren Helfern, Helikoptern und Lawinenhundeequipen kann schnell über 100000 Franken kosten. Bei einer Rettung und Bergung aus medizinischen Gründen übernehmen zwar die Unfall- und Krankenversicherungen die Kosten, sie können bei grober Fahrlässigkeit die Leistungen aber bis um die Hälfte kürzen. Schäden an Drittpersonen, an Skianlagen oder Gebäuden übernehmen die Haftpflichtversicherungen, die ihre Leistungen ebenfalls massiv reduzieren können. Erfolgen Unfälle wegen unvollständigen oder mißverständlichen Pistenmarkierungen, sind dafür die Betriebshaftpflichten der Bergbahnen oder Pistenbetreiber haftbar.

dritter Seite empfohlen worden war. Sie besassen keine Lawinenverschüttetensuchgeräte, holten keine Informationen über die Lawinengefahr ein und machten sich auch keine Gedanken darüber. In der Nähe des Col de Riedmatten sahen sie ein frisches Schneebrett, dem sie jedoch keine Beachtung schenkten. Bei der Traversierung zum Verbindungsgrat Petit Mont Rouge – Monts Rouges – es wurde dabei auch kein Sicherheitsabstand eingehalten – löste die Gruppe ein Schneebrett aus, das alle drei mit sich riß. Einzig

Lawinenhund Igor nimmt den Geruch eines Verschütteten wahr. Igors Nase ist das denkbar sicherste Verschütteten-suchgerät. Bild: B. Bühler.

der letzte der Gruppe, der wegen Problemen mit den Schneeschuhen in Rückstand gekommen war, wurde nur teilverschüttet und konnte sich selber unverletzt aus den Schneemassen befreien. Das Schneebrett hatte sich in zwei Arme geteilt. Bevor er den Unfall beim Pistendienst meldete, suchte er etwa einer Viertelstunde lang den Lawinenarm ab, der ihn selber mitgerissen hatte, ohne zu bemerken, daß auf dem zweiten Lawinenarm die Hand seines Kollegen aus dem Schnee ragte.

Die beiden Verschütteten, ein Mann und eine Frau, wurden in die Spitäler von Sion und Lausanne geflogen. Am Abend wurde ihr Tod bestätigt...

Lawinenhunde: Auf Barrys Spuren

Der Polizist Bernhard Bühler und sein achtjähriger Schäferhund Igor vom Seestern sind eine der über 300 Lawinenhundeequipen des SAC, die über das gesamte schweizerische Voralpen- und Alpengebiet verteilt sind. „Wenn mein Hund Igor und ich aufgeboten werden, geht alles sehr schnell. Ich habe keine Zeit, mir über den bevorstehenden Einsatz Gedanken zu machen. Erst im Helikopter, da spüre ich eine Unruhe, eine gewiße Nervosität... Ich fühle den Zeitdruck, den Streß, und mir gehen Fragen durch den Kopf: Bin ich für den Einsatz gewappnet? Kann ich meinem Hund vertrauen? Werden wir uns als Team bewähren?

Auf dem Unfallplatz läuft alles nach einem genauen Plan ab. Für eigene Gedanken ist wiederum kein Platz. Die kommen erst wieder, wenn Igor den Geruch eines Verschütteten wahrnimmt. Hat er jemanden aufgespürt? Wen finden wir? Einen jungen Menschen? Tot oder lebendig? Solche Einsätze können einen schon plagen...''

Mit Igor im Einsatz

Igor ist ein Elitehund: Nach einer mehrjährigen Ausbildung sind er und sein Meister fähig, unter schwierigsten Bedingungen optimale Leistungen zu erbringen. Auf eine Distanz von 50 bis 100 Metern kann Igor den Geruch eines Verschütteten wahrnehmen. Hat er eine Witterung aufgenommen, meistens in Minutenschnelle, fängt er erregt zu graben an. Nach durchschnittlich zwanzig Minuten braucht er ein Erfolgserlebnis oder wird er abgelöst, sonst machen sich Motivations- und Konzentrationsmängel bemerkbar. Igor hat eine Spürnase, mit der kein noch so ausgeklügeltes elektronisches Suchsystem konkurrieren kann. Höchstens zu viele fremde Spuren, widrige Windverhältnisse oder zu viel Lärm können sie irritieren.

Einmal in der Woche sind Igor und sein Meister auf dem Übungsplatz anzutreffen. Doch auch außergewöhnliche Rettungsaktionen werden geprobt. So gehört das Abseilen aus dem Helikopter zur Ausbildung einer Lawinen-

Barry, der erste Lawinenhund. Bild: Naturhistorisches Museum, Bern.

hundeequipe. Schon vor vielen Jahren wurde ein Lawinenhund am Wildstrubel in einer Wolldecke in eine 20 Meter tiefe Gletscherspalte hinabgeseilt, um dort einen Verunfallten aufzustöbern.

Igor begleitet seinen Meister nicht nur auf den Übungsplatz und bei Ernstfällen. Als Schutz-, Begleit- und Suchhund ist der Schäferhund der ideale Polizeihund. Igor ist täglich bei Bernhard Bühler im Büro, er ist mit ihm auch in jedem Einsatz. Bühler ist überzeugt, daß Igor jede seiner Stimmungen versteht. Da kommt es schon vor, daß er seinem vierbeinigen Freund Dinge anvertraut, die er sonst niemandem sagt ... Bernhard Bühler und sein Hund Igor: Sie bilden ein Team, dem Helfen und Retten zur Berufung geworden sind.

Als Lawinenhunde eignen sich alle Rassen, auch Mischlinge, die einen ausgeprägten Stöbertrieb haben und im Schnee beweglich sind. Bernhardiner werden im Gegensatz zur landläufigen Meinung nicht mehr bei Rettungsaktionen eingesetzt. Sie sind durch Züchtung über Generationen hinweg zu schwer geworden und ihren Nasen fehlt inzwischen der nötige Spürsinn. Doch im Volksgeist ist der Bernhardiner wohl für alle Zeiten zum Inbegriff des vierbeinigen Retters geworden.

Barry, der erste Lawinenhund

Nein, nicht irgendein Bernhardiner steht im Glaskasten in der Eingangshalle des naturhistorischen Museums in Bern und lockt alljährlich unzählige Besucherinnen und Besucher aus dem In- und Ausland an, sondern der Barry, der legendäre erste Lawinenhund vom Großen Sankt Bernhard, der vor beinahe zweihundert Jahren über vierzig Verschüttete gerettet und sie aus dem umgehängten Branntweinfäßchen gestärkt haben soll.

Ein bißchen vergilbt ist die ehemals weiße Grundfarbe des Fells, die hellbraunen Flecken haben ihren Glanz verloren. Barrys Augen und Nase sind trocken, sein toter Blick schweift über die Zuschauer hinweg ins Leere. Um den Hals trägt er das breite Stachelhalsband, das ihn vor Wölfen schützen sollte. Die Kraft des lebendigen Barrys läßt sich jedoch durch die Meisterleistung der Präparierkunst auch in diesem Schaukasten noch erahnen.

Schon vor Jahrhunderten war der Große Sankt Bernhard als Paßverbindung zwischen dem schweizerischen Rhonetal und dem italienischen Aostatal bekannt. Die eigentliche Paßstrecke von rund 25 Kilometern ließ sich im Sommer zu Fuß oder mit Pferden leicht bewältigen. Doch im Winter war sie als Tagesetappe zu lang, unterwegs mußte in einer der primitiven Schutzhütten übernachtet werden. Im 11. Jahrhundert gründete der Augustinermönch Bernard de Menton, Erzdiakon von Aosta, auf der Paßhöhe ein Hospiz. Dort wurden die Paßgänger mit Essen und Trin ken versorgt, im Winter hielten ihnen die Mönche den Pfad offen. Diese versahen ihren gefährlichen Dienst mit Hilfe besonderer Bergführer, den „Marrons".

Um die Mitte des 17. Jahrhunderts kamen die ersten Hunde zum Schutz der Mönche und Wanderer auf den Großen Sankt Bernhard, doch erst um 1700 wurden ihre Fähigkeiten als Lawinenhunde entdeckt. Bis in die ersten Jahrzehnte dieses Jahrhunderts verrichteten die Lawinenhunde auf dem Großen Sankt Bernhard – deshalb auch der Name „Bernhardiner" – ihre Dienste. In den über 200 Jahren ihres Einsatzes sollen sie rund 4000 Menschenleben aus Lawinen und vor dem Erfrierungstod gerettet haben.

Der berühmteste dieser Bernhardiner ist Barry. Er lebte zur Zeit Napoleons, als in ganz Europa Krieg herrschte und viele Soldaten immer wieder den Großen Sankt Bernhard überquerten. 1812 kam er, nach über zehn Jahren Dienst als Lawinenhund, alt und geschwächt nach Bern. Nach seinem Tod schenkte ihn der Prior des Augustinerklosters dem Naturhistorischen Museum. 1923 wurde das alte Barry-Stopfpräparat abgebaut, das brüchige Fell zerfiel dabei in über 20 Teile. Einem naturgetreuen Modell wurde es wieder übergezogen und dieses gilt heute als zentrales Schaustück im Berner Museum.

Mögen viele von Barrys Heldentaten und auch das umgehängte Schnapsfäßchen ins Reich der Legenden gehören: Barry gilt doch immer noch als der erste Lawinenhund überhaupt, geliebt und bewundert von Kleinen und Großen aus der ganzen Welt.

Anhang: Lawinen – Lebensgefahr

Dieses Buch ist bewußt nicht als Ratgeber gegen Lawinen konzipiert worden, sondern will das Naturphänomen und seine Erforschung beschreiben. Dennoch sollen dem Leser einige Ratschläge zur Lawinengefahr und dem Schutz vor Lawinen mit auf den Weg gegeben werden, die in Zusammenarbeit mit dem SLF in Davos erarbeitet worden sind.

Lawinengefahr besteht aus der Wechselwirkung von mehreren natürlichen Faktoren wie Gelände, Neuschneemenge, Wind, Schneedeckenaufbau und Temperatur. Alle Wintersportler, die gerne ihre Spur in unberührte Tiefschneehänge legen, sollten die entscheidende Bedeutung dieser Faktoren kennen.

Gelände

Die Lawinengefahr steigt mit zunehmender Hangneigung. Lawinen können bereits auf Hängen mit 30 Grad Neigung abgehen. Schattseitige Hänge sind häufiger lawinengefährdet als Sonnenhänge.

Neuschnee und Wind = größte Lawinengefahr

Je mehr Neuschnee gefallen ist, desto größer wird die Lawinengefahr. Besonders kritisch ist dabei immer der erste schöne Tag nach einer Schlechtwetterperiode.

Wenn bei Schneefällen obendrein Wind herrscht, wird der Schnee aufgewirbelt und in Windschattenhängen abgelagert. Solche „Triebschneeansammlungen" sind oft durch Schneewächten an Bergkämmen erkennbar.

Schneedecke

Durch das Gewicht der Schneedecke entstehen gewaltige Scherkräfte, denen die verschiedenen Schneeschichten oft nur eine ungenügende Festigkeit entgegensetzen können. In einem Lawinenhang genügen meist nur kleine zusätzliche Belastungen, zum Beispiel das Gewicht eines einzelnen Wintersportlers, um das Gleichgewicht zu zerstören und eine Lawine auszulösen.

Frische Schneebrettlawinen oder dumpfe „Wumm"-Geräusche in einem Tiefschneehang sind untrügliche Zeichen für eine besonders gefährliche Situation.

Geringe Schneehöhen bedeuten nicht geringe Lawinengefahr – im Gegenteil!

Temperatur

Tiefe Temperaturen nach Schneefällen können die Verfestigung der Schneedecke verzögern; dadurch besteht die Lawinengefahr über längere Zeit weiter. Steigende Temperaturen vermindern die Festigkeit der Schneedecke und erhöhen kurzfristig die Lawinengefahr; sie fördern aber, mit zeitlicher Verzögerung, die günstige Verfestigung der Schneedecke, was meistens zu einer Abnahme der Lawinengefahr führt.

Im Frühjahr erhöht sich die Lawinengefahr im Verlaufe des Tages mit zunehmender Erwärmung und Sonneneinstrahlung. Wird der Schnee während des Tages schwer und naß, kann die Lawinengefahr stark zunehmen.

Der typische Lawinenhang ist steil, schattig, kammnah und gefüllt mit frischem Triebschnee.

Am gefährlichsten sind sogenannte Schneebretter oder Schneebrettlawinen. Innerhalb weniger Sekunden rutscht – durch Zunahme der Belastung oder durch Abnahme der Festigkeit – eine ganze Schneeschicht gleichzeitig ab. Die Betroffenen werden augenblicklich erfaßt und meist vollständig verschüttet.

Lawinen = Lebensgefahr

Lawinengefahr bedeutet Lebensgefahr. Die häufigste Todesursache bei Lawinenunglücken ist Ersticken; rund ein Viertel der Lawinenopfer sterben an Verletzungen und Unterkühlung. Die Wahrscheinlichkeit, lebend gefunden zu werden, sinkt in kurzer Zeit drastisch. Nach einer Stunde wird gerade noch jeder dritte Verschüttete lebend geborgen. Es gibt daher nur einen sicheren Weg, dem Tod in der Lawine zu entrinnen:

EIN LAWINENUNGLÜCK DARF GAR NICHT ERST PASSIEREN!

Lawinengefahr

Im Lawinenbulletin können lokale Gefahrensituationen nicht berücksichtigt werden. Die Verantwortlichen der örtlichen Pisten- und Rettungsdienste hingegen beurteilen ständig die Lawinengefahr vor Ort und warnen mittels Signalen (häufig mit Lawinenwarnleuchte versehen) vor dem Befahren oder Begehen des freien Skigeländes oder sperren gefährdete Pisten, Abfahrtsrouten und Skiwege.

Das Gelände abseits von Pisten und Abfahrtsrouten ist freies Skigelände, das weder markiert noch vor Lawinengefahr gesichert wird.

Wenn Zweifel bestehen, ob eine Abfahrt markiert und gesichert ist oder ob sie zum freien Skigelände zählt, warnt Sie diese Tafel.

Ab Gefahrenstufe ERHEBLICH warnt Sie an der Talstation die Lawinenwarntafel und die Lawinenwarnleuchte mit Blinklicht.

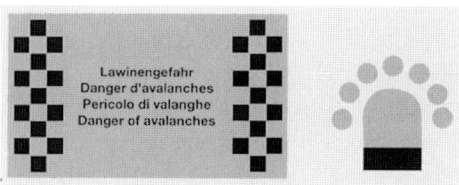

Verlassen Sie in dieser Situation unter keinen Umständen die markierten und geöffneten Skiabfahrten!

Lawinengefährdete Pisten, Abfahrtsrouten und Skiwege werden gesperrt:
- im Gelände mit Sperrtafeln, versehen mit Absperrseilen und Wimpeln;
- auf den Orientierungstafeln mit roten Sperrtafeln oder roten Signallichtern.

Befahren Sie unter keinen Umständen gesperrte Pisten, Abfahrtsrouten und Skiwege!

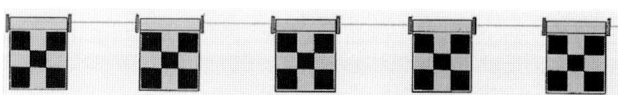

Lawinenbulletin

In der Schweiz wird das Lawinenbulletin zentral am Eidgenössischen Institut für Schnee- und Lawinenforschung Weissfluhjoch / Davos (SLF) erstellt. Darin werden alle Regionen der Schweizer Alpen berücksichtigt. Das Lawinenbulletin ist immer in vier Abschnitte gegliedert: Allgemeines, Schneedecke, Gefahrenstufen und Tendenz.

Es erscheint im Winter und im Frühling auf deutsch, französisch und italienisch und wird wenn nötig täglich aktualisiert. Es kann ab Telefonsprechband (Nr. 187) abgefragt werden. Um den deutschen Text aus der französisch- oder italienischsprachigen Landesregion abzuhören, ist eine Fernkennzahl aus der deutschsprachigen Region voranzustellen (z.B. 031 187). Aus dem Ausland wird zudem die Landeskennzahl für die Schweiz (z.B. aus Deutschland 0041 31 187, aus Österreich 0 50 31 187) benötigt.

Das Lawinenbulletin ist zudem verfügbar über:
- Teletext: Seite 199
- Videotex / Meteotex: *SMA#, Schnee und Lawinen
- Internet: http://www.slf.ch/slf.html
- Telefax auf Abruf: 157 33871
- Telefax (Abonnement)

Variantenfahren

Sie fahren auf eigenes Risiko.
- Achten Sie auf die Natur. Schonen Sie Wald und Wild.
- Beachten Sie das Lawinenbulletin, den Wetterbericht sowie die Warnungen der Pisten- und Rettungsdienste.
- Fahren Sie nie allein.
- Tragen Sie das Suchgerät für Lawinenverschüttete (LVS)* und stellen Sie es auf *Senden*.

- Nehmen Sie Lawinenschaufeln mit.
- Folgen Sie nicht fremden Spuren, die in unbekanntes Gelände führen.
- Befahren Sie verdächtige Zonen einzeln; beobachten Sie sich gegenseitig.
- Verzichten Sie im Zweifelsfall auf das Variantenfahren.

*Elektronische Lawinenverschüttetensuchgeräte (LVS) bieten keinen Schutz vor Lawinenunfällen; sie ermöglichen unter günstigen Umständen aber einen glimpflichen Ausgang, da die Opfer schneller gefunden werden können.

Ausbildung

Wer lernt, die Lawinengefahr richtig einzuschätzen, kann sich besser schützen - und den Wintersport unbeschwert genießen! Möglichkeiten für die Aus- oder Weiterbildung in Lawinenkunde bieten u.a. Kurse des Schweizer Alpen-Clubs, von Bergführern und Bergsteigerschulen, der Naturfreunde Schweiz, des Schweizerischen Skiverbandes oder von Jugend+Sport (für Kinder und Jugendliche von 10–20 Jahren).

Lawinenunglück

Als Augenzeuge eines Lawinenunglücks kann jeder Wintersportler durch richtiges Verhalten zum Lebensretter werden. Für diesen Fall gilt:
- Unfallablauf beobachten
- Übersicht gewinnen
- Nachdenken
- Entscheiden
- Handeln

1. Soforthilfe organisieren

– Lawinenkegel unterhalb der Punkte, wo der oder die verschütteten Personen verschwunden sind, mit Auge und Ohr absuchen.
– Falls vorhanden, sofort mit elektronischen Suchgeräten (LVS) suchen. Stellen Sie das Gerät auf *Empfang*.

2. Erste Hilfe leisten

– Kopf und Brust von aufgefundenen Verschütteten freilegen. Lawinenschaufeln können das Ausgraben entscheidend erleichtern! Atemwege reinigen, beatmen (Mund zu Nase)
– Unfallopfer vor Unterkühlung schützen

3. Fremdhilfe anfordern

– Schweizerische Rettungsflugwacht REGA (14 14) oder Kantonspolizei alarmieren (außerhalb der Schweiz entsprechende Rettungsdienste oder die Polizei)

– bei der nächstgelegenen Skilift-oder Seilbahnstation den Lawinenunfall sofort melden

Lawinenunfallmeldung

– Wer meldet woher?
– Was ist passiert?
– Wo und wann hat sich der Unfall ereignet?
– Wieviele Personen wurden verschüttet?
– Welche Maßnahmen wurden auf dem Unfallplatz bereits getroffen?
– Wurde bereits andere Hilfe angefordert?
– Wo ist die/der Meldende erreichbar?

Bibliographie

(Alle in den letzten Jahren vom SLF publizierten Berichte, Publikationen und Statistiken sind hier nicht namentlich aufgeführt.)

Alpiner Rettungsdienst: Rettungsstatistik Schweizer Alpen-Club. Bern, 1996.

Ammann, Walter / Salm, Bruno: Das Leben im Alpenraum ermöglichen. Neue Zürcher Zeitung Nr. 20, 25. Januar 1995.

Ammann, Walter / Frey, Werner: Schnee und Lawinenforschung auch in Zukunft von Bedeutung. Beilage Davoser Zeitung, November 1996.

Anker, Daniel: Der Hund hat immer noch die Nase vorn. Alpin Magazin, März 1984.

Apafi, Anita: Mythos Gotthard. Unterwegs. „PassePartout" für Bahn, Bus und Schiff, 2/96.

Auf der Maur, Jost: Man halte bitte die Skifahrer von den Alpen fern! Weltwoche, Januar 1993.

Bader, Henri u.a.: Der Schnee und seine Metamorphose. Bern, 1939.

Berlepsch, H.A.: Die Alpen in Natur- und Lebensbildern. Leipzig, 1861.

Bieler, Carl: Lawinensprenger am Werk. Tages-Anzeiger, 14. Januar 1995.

Bleistein, Ulrike: Warum bricht ein Schneebrett los? Argumente aus der Forschung Nr. 9, November 1994.

„Bündner Wald". Separatdruck, 5/1986.

Buser, Othmar: Nearest Neighbours. In: Annals of Glaciology Vol. 13, 1989.

Capol, Georges: Die Lawinengefahr in Graubünden. Arena Alva. Diverse, Januar bis März 1994.

Coaz, Johann: Die Lauinen der Schweizeralpen. Bern, 1881.

Cupp, David: Winter's white Death. National Geographic, September 1982.

Feusi, Alois: Hochalpine Forschungsstätte zur Untersuchung des Schnees. Neue Zürcher Zeitung Nr. 12, 15/16. Januar 1994.

Finze-Michaelsen, Holger: Die Geschichte der St. Antönier Lawinen. Schiers, 1988.

Fischer, Hans: Lockt der Pulverschnee, bockt der Verstand. Berner Zeitung, 4. März 1997.

Flaig, Walther: Lawinen. Wiesbaden, 1955.

Flaig, Walther: Der Lawinen-Franzjosef. München, 1941.

Föhn, Paul: Lawinen – kurzfristige Gefahrenbeurteilung. Forum für Wissen, 1993.

Forum Davos Lawinen: Skifahren und Sicherheit. Internationales Symposium, 1979.

Fraser, Colin: Lawinen – Geissel der Alpen. Zürich, 1966.

Frey, W.: Das Versuchsgebiet „Stillberg" im Dischma. Davoser Revue, 72. Jg., Nr. 2, Juni 1997, S. 11–18.

Geiser, Franz: „.... wie Briefe vom Himmel". Coop-Zeitung Nr. 2, 12. Januar 1989.

Geographisches Institut der Universität Bern: Die Alpen. Eine Welt in Menschenhand. Bern, 1991.

Gottwalt, Christian: Gelber Sack gegen weißen Tod. Focus, 4/1995.

Haab, Peter: Lawinen. Schweizer Woche, 8/94.

Haefeli Robert: Sonderdruck aus dem Bericht über den Internationalen Kongress für Rettungswesen und Erste Hilfe bei Unfällen. Zürich und St. Moritz, 23.–28. Juli 1938.

Haefeli, Robert: Zur Beobachtung der winterlichen Schneeverhältnisse in den Schweizer Alpen. Sonderabdruck aus „Die Alpen" Heft 3. Bern, 1945.

Hanke, H.: Gletscherkatastrophen. Der Bergsteiger, 6/7 1966.

Heyn, Hans: Lawinenhund Alf. Rosenheim, 1972.

Herrliberger, David: Topographie der Eydgenossenschaft. Zürich 1773.

Hertig, Paul: Späte Gerechtigkeit für Franz Josef Hugi. In: Der kleine Bund Nr. 118, 24. Mai 1997.

Hutter, Kolumban: Lawinen-Dynamik. Schweizer Ingenieur und Architekt Nr. 13, 26. März 1992.

Kepler, Johannes: Über den hexagonalen Schnee. Regensburg, 1958.

Keusen, H.R.: Permafrost oder wenn der Boden zu kriechen beginnt. Neue Zürcher Zeitung Nr. 20, 25. Januar 1995.

Kienholz, Hans: Naturgefahren – Naturrisiken im Gebirge. Forum für Wissen, 1993.

Kleine-Brockhoff, Thomas: „Ella vegn! Sie kommt!" Die Zeit Nr. 8, 14. Februar 1992.

Mann, Thomas: Der Zauberberg. Berlin 1981.

Munter, Werner: Neue Lawinenkunde. Bern, 1991.

Neujahrsblatt der Zürcherischen Naturforschenden Gesellschaft. Zürich, 1896.

Nussbaumer, Paul / Hürlimann, Bettina: Barry. Zürich, 1967.

Oppenheim, Roy: Die Entdeckung der Alpen. Frauenfeld, 1974.

Pilman, Vladimir: Die „Schneeschmecker" gehören zu Davos. Davoser Zeitung, 26. November 1996.

Pilman, Vladimir: SLF Davos stellt international alle anderen in den Schatten. Davoser Zeitung, 22. November 1996.

Probst, Philipp: Chronik eines angekündigten Todes. Schweizer Illustrierte, 1990.

de Quervain, A.: Ueber Lawinen. Verfasst ca. 1918-1920. Zeitschrift unbekannt.

Rapport de Gestion du comité intercantonal de coordination sur l'emploi des fonds recueillis par la campagne de secours organisée par la Croix Rouge Suisse: Le désastre des avalanches 1951. Bern, 1953.

Reader´s Digest: Die Alpen. Stuttgart, 1972.

Rébuffat, Gaston: Mont-Blanc. Die Geschichte seiner Entdeckung. München, 1988.

Reis, Hans: Schwerstes Lawinenunglück in der Schweiz seit 150 Jahren. Neue Zürcher Zeitung Nr. 91, 20. April 1955.

Salm, Bruno: Lawinen – Gefahr und Risiko langfristig betrachtet. Forum für Wissen, 1993.

Salm, Bruno: Lawinenkunde für den Praktiker. Brugg, 1982.

Salm, Bruno: Lawinen – Gefahr und Risiko langfristig betrachtet. Forum für Wissen, 1993.

Schild, Melchior: Lawinen. Lehrmittelverlag Kanton Zürich 1982.

Scheuchzer, Johann Jacob: Beschreibung der Natur-Geschichten des Schweizerlands. Zürich, 1706.

Schwander, Andreas: Kampf dem Weißen Tod. Geo, 1995.

Schweizerischer Alpenclub: Gebirgsrettung Winter. Altdorf, 1997.

SLF: Lawinenballon – ein Rettungsgerät? Tages-Anzeiger, 12. April 1995.

Stiftung Schweizerische Rettungsflugwacht: Jahresbericht 1996.

Tschudi, Friedrich von: Tierleben der Alpen.

Thyndall, John: Die Gletscher der Alpen. Braunschweig, 1898.

Zierhofer, Wolfgang: Mit dem Schnee per Du. Argumente aus der Forschung Nr. 9. November 1994.